舗装技術の質疑応答

第12巻

「舗装」編集委員会　監修

建 設 図 書

まえがき

　本書は既刊の「舗装技術の質疑応答」第11巻に引き続き，平成25年12月号から平成28年1月号の雑誌「舗装」に掲載された質疑応答特集を集大成，編集したものである．

　雑誌「舗装」の質疑応答は，舗装技術者として第一線で活躍されている方々のための技術的な相談の場として設けられたものである．このため，質問の内容は舗装技術の基本に関するものから時代を反映した最新の舗装技術や話題に関するものなど多岐にわたっている．

　平成25年12月号の質疑応答特集からは，より基本的な質問も採り上げた．本書の内容で見ると，例えば第2章では　各種アスファルトの用途に関する説明や，蒸発残留物の針入度の違いによるアスファルト乳剤性能の違い，第3章では内割りと外割りの計量方法，第9章では車道と歩道の舗装構造，第11章では修正CBR試験やマーシャル供試体の突固め回数，ホイールトラッキング試験における走行回数に関するものなど，普段の業務では当たり前になってしまっている事柄について解説した．

　昨年3月に(一社)日本道路協会から「コンクリート舗装ガイドブック」が発刊され，コンクリート舗装を見直す気運も高まっている．本書においても第4章の中で，早期交通開放型コンクリート舗装や直轄国道におけるコンクリート舗装の今後の動向について解説した．

　また，「舗装点検要領」が定められ，舗装の長寿命化，ライフサイクルコストの削減など効率的な維持管理の重要性が益々高まってお

り，本書の中でも第7章で舗装の予防保全について解説した．

　本書の原文は雑誌「舗装」の編集委員を中心に作成しているが，最新の情報を提供すべく，一部はその分野に精通した専門家にお答えいただいている．また，雑誌「舗装」に掲載された時点（回答者と併記）から，機関名や社名の変更，基準図書を含む参考図書の新刊発刊，法令や基準等の変更があったものもある．しかし，本書の編集にあたっては混乱を避けるため，敢えて原文のままとし，誤りのない限り修正は行っていない．

　最後に，本書原文の執筆にあたられた方々ならびに資料等をご提供いただいた方々とその機関等に対して厚く御礼申し上げる次第である．

平成29年11月　　幹事　徳　光　克　也

吉　武　美　智　男

目　　次

1章　構 造 設 計

1-1　空港舗装の構造設計……………………………………………………1

1-2　大地震発生時の対策工法………………………………………………7

2章　材　　料

2-1　各種アスファルトの用途……………………………………… 14

2-2　アスファルトから発生する臭気…………………………… 21

2-3　密度補正の必要性と運用……………………………………… 23

2-4　セメントの種類と特徴………………………………………… 24

2-5　鉄鋼スラグのJIS改正………………………………………… 27

2-6　蒸発残留物の針入度の違いによる乳剤性能…………… 31

2-7　剥離防止材の剥離抑制のメカニズム…………………… 34

3章　アスファルト舗装

3-1　アスファルト混合物の種類と特徴………………………… 37

3-2　内割りと外割りの計量方法の違い………………………… 41

3-3　高速道路橋梁部に適用するアスファルト混合物……… 45

3-4　アスファルト混合物の欧州規格…………………………… 48

3-5　わだち掘れに影響する気象条件…………………………… 51

3-6　アスファルトの変色現象……………………………………… 53

3-7　小面積箇所におけるアスファルト舗装………………… 55

3-8　アスファルト舗装のクリープ現象………………………… 57

4章 セメントコンクリート舗装

4-1 早期交通開放型コンクリート舗装‥‥‥‥‥‥‥‥‥‥‥‥‥‥ 65

4-2 コンクリート舗装で，アスファルト中間層や瀝青安定処理路盤上に
石粉を塗布する必要性‥‥‥‥‥‥‥‥‥‥‥‥‥‥‥‥‥‥ 66

4-3 直轄国道におけるコンクリート舗装の動向‥‥‥‥‥‥‥‥‥ 67

4-4 供試体寸法の違いによるコンクリートの曲げ強度‥‥‥‥‥‥ 69

4-5 欧州におけるコンクリート舗装の設計方法と施工方法‥‥‥‥ 72

5章 路床・路盤

5-1 軟弱な路床土の CBR 試験 ‥‥‥‥‥‥‥‥‥‥‥‥‥‥‥ 75

5-2 路上路盤再生工法における瀝青材添加量の算出式‥‥‥‥‥‥ 77

6章 環境対応技術

6-1 再生できないアスファルト舗装‥‥‥‥‥‥‥‥‥‥‥‥‥ 80

6-2 保水性舗装で考えられるデメリット‥‥‥‥‥‥‥‥‥‥‥ 84

7章 維持修繕

7-1 舗装における予防保全‥‥‥‥‥‥‥‥‥‥‥‥‥‥‥‥‥ 87

7-2 舗装のポンピング現象‥‥‥‥‥‥‥‥‥‥‥‥‥‥‥‥‥ 91

7-3 リフレクションクラックの発生要因‥‥‥‥‥‥‥‥‥‥‥ 93

7-4 国内におけるマイクロサーフェシング工法の動向‥‥‥‥‥ 94

7-5 既設舗装とオーバーレイ層との接着性‥‥‥‥‥‥‥‥‥‥ 96

8章 再生舗装

8-1 ポーラスアスファルト舗装の今後の動向‥‥‥‥‥‥‥‥‥ 99

8-2 再生工法における 26.5mm 骨材の取扱い‥‥‥‥‥‥‥‥‥106

9章　各種の舗装

9-1　再帰性反射とは……………………………………………111

9-2　エポキシアスファルト混合物使用時の留意点………………116

9-3　車線逸脱抑制工法……………………………………………119

9-4　橋面舗装の舗装構成と必要性能……………………………123

9-5　車道と歩道の舗装構造………………………………………131

9-6　グースアスファルト混合物の曲げ試験温度………………133

9-7　高機能舗装Ⅱ型適用時の留意点……………………………135

9-8　ポーラスアスファルト舗装の排水対策……………………137

9-9　ポーラスアスファルト舗装の早期損傷と補修……………147

10章　施工と機械

10-1　高温のアスファルト混合物製造時の留意点………………153

10-2　オフロード法とは…………………………………………158

10-3　振動機構付きのタイヤローラ………………………………162

11章　品質管理・試験

11-1　弾性舗装の安全性評価法…………………………………166

11-2　水浸ホイールトラッキング試験に用いる模擬路盤………170

11-3　修正CBR試験の突固め回数………………………………172

11-4　ホイールトラッキング試験結果の捉え方………………175

11-5　DFテスタで得られる動的摩擦係数の温度補正の必要性………176

11-6　マーシャル供試体の突固め回数…………………………178

11-7　WT試験における走行回数の根拠…………………………180

12章 その他

12-1 舗装分野における国際協力 …………………………………183

12-2 アセットマネジメントの国際規格 …………………………185

索引（キーワード）…………………………………………………190

1章　構造設計

1-1　空港舗装の構造設計

key word　空港舗装，アスファルト舗装，コンクリート舗装，構造設計

> **Q**　空港舗装の場合，一般的な道路舗装に比べ荷重条件等が異なると思いますが，どのような考え方で構造設計を行うのでしょうか．

A　空港舗装の構造設計手法は，国土交通省航空局・国土技術政策総合研究所が監修している「空港舗装設計要領及び設計例[1)]」にまとめられています．この設計要領は，平成20年に大きく改定され，従来用いられてきた「経験的設計法」に加え，新たに「理論的設計法」が導入されました．以降では，理論的設計法による構造設計手法について解説します．

　空港舗装の構造設計を行ううえで，舗装に求められる性能および照査項目をまとめたのが**表-1.1.1**と**表-1.1.2**です．設計ではこれらの項目を満足するために必要な舗装厚を決定することとなりますが，現在の知見からすべての項目を照査することは困難であることから，一部の照査項目についてはみなし規定を導入しています．例えば，アスファルト舗装の走行安全性能の路面のすべりについては，設計時点ですべり摩擦係数を確認することは困難であることから，みなし規定として「滑走路においては，表層に空港土木工事共通仕様書に記載される品質の材料を用い，且つ，適切なグルービングが設置さ

1章　構造設計

表-1.1.1　空港アスファルト舗装に求められる性能と照査項目

求められる性能	照査項目
荷重支持性能	路床の支持力
	路盤の支持力
	凍上
	疲労ひび割れ
	温度ひび割れ
走行安全性能	すべり
	わだち掘れ
表層の耐久性能	アスファルト混合物の気象劣化
	アスファルト混合物の剥離
	アスファルト混合物の骨材飛散
	アスファルト混合物層の層間剥離

表-1.1.2　空港コンクリート舗装に求められる性能と照査項目

求められる性能	照査項目
荷重支持性能	路床・路盤の支持力
	凍上
	疲労ひび割れ
走行安全性能	すべり
	段差

れている場合」には，路面のすべりに関する照査を省略することができます．

　具体的な舗装の構造は，アスファルト舗装・コンクリート舗装ともに，荷重支持性能に挙げられている「路床・路盤の支持力」と「疲労ひび割れ」に関する照査を行い，舗装厚を決定することとなります．以降では，アスファルト舗装とコンクリート舗装に分けて解説します．

1．アスファルト舗装の構造設計

　アスファルト舗装の構造設計では「路床・路盤の支持力」と「疲労ひび割れ」に関する照査を行います．具体的な照査の方法としては，路床上面とアスファルト混合物層下面の累積疲労度を算出して照査を行います．

　図-1.1.1に設計フロー図を示します．最初に粒状路盤厚とアスファルト混合物層厚を仮定します．次に，各層の弾性係数を設定し，設計対象航空機の脚荷重が舗装表面に載荷された場合にアスファルト混合物層下面に発生する水平引張ひずみ，路床上面に発生する鉛直圧縮ひずみを多層弾性理論等により算出します．最後に，計算で求めたひずみを疲労破壊曲線式に入力することで許容繰返し回数を算出し，設計交通量から算出した載荷回数と許容繰返し回数の比により累積疲労度を算出します．路床とアスファルト混合物層の

2

1章　構造設計

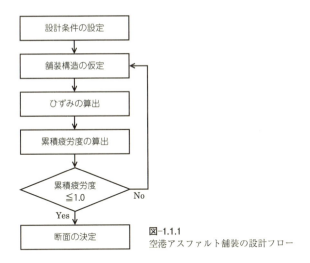

図-1.1.1
空港アスファルト舗装の設計フロー

累積疲労度が共に1.0以下であれば照査は完了ですが，いずれかの累積疲労度が1.0を超過しているようであれば，最初に仮定した舗装厚を増厚して再計算を行います．

舗装厚を大きく左右する疲労破壊曲線式の設定は設計者に委ねられていますが，「空港舗装設計要領及び設計例」には，アスファルト混合物および路床の疲労破壊曲線が掲載されています．

そのほか，空港舗装の累積疲労度を算出するうえで，道路舗装とは異なる幾つかの点について解説します．

(1) パス／カバレージ率

コードFと呼ばれる，翼幅等が最も長いタイプの航空機に対応した滑走路の本体部の幅は60 m，誘導路の本体部の幅は30 mであり，道路舗装の1車線の幅よりも格段に広いです．これは，航空機は滑走路・誘導路の中心線に沿って同じ位置を走行しているわけではなく，走行位置は横断方向に大きく変化するためです．また航空機の脚の位置は，**図-1.1.2**に示すとおり機材によって大きく異なります．累積疲労度は，この横断方向走行位置分布と機材ごとの脚の位置を考慮して計算します．

横断方向に舗装厚が一定であれば，アスファルト混合物層下面および路床上面に発生するひずみの大きさは走行位置・脚の位置にかかわらず一定です

1章　構造設計

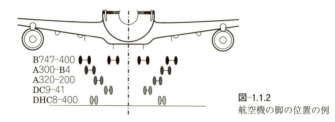

図-1.1.2
航空機の脚の位置の例

が，ひずみの発生位置(滑走路・誘導路の中心線からの距離)が変化するため，航空機の横断方向走行位置分布(走行位置の標準偏差)や脚の位置，タイヤ幅を考慮し，パス／カバレージ率を算出して使用します．

パス／カバレージ率とは，カバレージ(着目地点Aをタイヤが通過する回数)に対するパス(その施設を航空機が走行する回数)の比です．つまり，着目地点Aのパス／カバレージ率が100と計算された場合は，航空機が100回走行したうち着目地点Aの位置を通過する回数は1回だけであり，残りの99回は，着目地点Aの近傍を通過しているものの着目地点Aを通過していないこととなります．そのため，累積疲労度の計算においては，多層弾性理論等で計算されたひずみが着目地点Aの位置に1回発生したものと解釈します．

設計対象航空機ごとに脚の位置や横断方向走行位置分布の標準偏差が異なることから，累積疲労度は中心線からの距離に応じて算出し，その最大値を採用することとなります．最大値がどの位置に出現するかは，脚の位置，脚荷重の大きさ，舗装厚，機材別交通量に応じて変化するため，事前に予測することはできません．

(2) 弾性係数

アスファルト混合物層の弾性係数は，層内平均温度と航空機の走行速度を用いて算出します．層内平均温度は月別の気温から層内平均温度を推定して使用します．走行速度は，誘導路や滑走路端部(滑走路全長を L とした場合，滑走路末端の $L/5$ の範囲)では航空機は低速度で走行することから32 km/h，滑走路中間部(両末端の $L/5$ を除いた中間の3 $L/5$ の範囲)については160 km/hを使用してよいとされています．

1章　構 造 設 計

2．コンクリート舗装の構造設計

　コンクリート舗装の構造設計でも，アスファルト舗装の場合と同様に「路床・路盤の支持力」と「疲労ひび割れ」に関する照査を行います．しかしながら，具体的な照査方法はアスファルト舗装の場合と異なり，路盤厚の設計とコンクリート版厚の設計は，半ば独立しています．路盤厚の設計は，路床，下層路盤，上層路盤における設計支持力係数を使用して必要な路盤厚を算出しますが，コンクリート版厚の設計では，コンクリート版下面の累積疲労度を算出して照査を行います．

　図-1.1.3に設計フロー図を示します．コンクリート版の累積疲労度の算出では，最初にコンクリート版厚を仮定します．次に，コンクリート版の弾性係数を設定し，設計対象航空機の脚荷重が舗装表面に載荷された場合にコンクリート版下面に発生する荷重応力を二次元版FEM等により算出します．また，版の上下面温度差頻度分布と仮定した版厚等を基に，温度応力式により温度応力を算出します．この温度応力式は，道路コンクリート舗装で使用されている温度応力式とは若干異なり，空港舗装を対象に版厚を考慮できるようにしたものです．最後に，計算で求めた剛性応力(荷重応力と温度応力の和)を疲労破壊曲線式に入力することで許容繰返し回数を算出し，設計交通量から算出した載荷回数と許容繰返し回数の比により累積疲労度を算出します．累積疲労度が1.0以下であれば照査は完了ですが，1.0を超過している

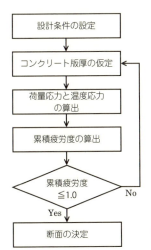

図-1.1.3
空港コンクリート舗装の設計フロー

1章 構造設計

ようであれば，最初に仮定したコンクリート版厚を増厚して再計算を行います．

アスファルト舗装の設計と同様に，舗装厚を大きく左右する疲労破壊曲線式の選択については設計者に委ねられていますが，「空港舗装設計要領及び設計例」には，コンクリート版の疲労破壊曲線が掲載されています．疲労破壊曲線に使用するコンクリートの設計曲げ強度については，平均曲げ強度ではなく，寸法効果を考慮して設計曲げ強度を低減させたものとしています．

なお，荷重応力や温度応力の算出位置は，版中央としてよいとされています．本来であれば，構造上の弱点である目地部での照査を行うべきですが，前述のとおり，航空機の走行位置は横断方向に変化することのほか，目地部のどの位置を航空機が通過するかは，目地の位置，施設中心線の位置，機材ごとの脚の位置の3条件により大きく変化するため，目地部の荷重応力算出条件が非常に複雑になること，空港コンクリート舗装では，ほぼすべての目地にタイバーやダウエルバーなどの荷重伝達装置が設置されていたり，荷重伝達装置がない目地については端部増厚により補強されていること，荷重応力は中央部よりも目地部で大きいが，温度応力は逆に目地部の方が小さいと考えられていることなどが理由です．

累積疲労度は，アスファルト舗装と同様に，施設中心位置からの距離に応じて算出し，その最大値を採用することとなります．航空機の脚の位置や横断方向走行位置分布の考慮の方法については，アスファルト舗装で述べた方法と同様です．

（国土交通省　坪川　将丈・2013年12月号）

〔参考文献〕
1）国土交通省航空局・国土技術政策総合研究所監修：空港舗装設計要領及び設計例，（一財）港湾空港総合技術センター（2013）

1章　構 造 設 計

1-2　大地震発生時の対策工法

key word　地震対策，緊急補修，段差抑制工，地盤沈下

> **Q** 大地震発生時に道路盛土部と橋やボックスカルバートなどの構造物の境界における段差発生を抑制し，緊急輸送車の走行に支障を与えない工法はありますか．

A 2011年に発生した東北地方太平洋沖地震による道路の損傷を把握するために，国土交通省東北地方整備局では管理する1,504橋の緊急総点検を行いました．その結果，異常が有りと認められた橋が815橋あり，その中で橋台背面に段差が発生した橋が364橋（全体の24％）見つかりました．そのうち多くは1～3日以内に段差補修がなされ，交通開放がされましたが，中には一般開放まで4日以上要した事例も見られました．交通開放に4日間以上要したもののうち，明らかに橋台背面での段差の影響により当該区間の交通に支障を来した事例は直轄国道では1か所見られました[1]．

また，地震による段差の発生状況については，能登半島地震や中越地震を調査した常田ら[3]によると，能登半島地震においては，最大で橋台背面の段差43cm（震度6弱）が記録され，中越地震においては，震度5強で10cm程度，震度6弱では40cm程度，さらに震度6強においては50～60cm程度の段差の発生が確認されています[3]．したがって地震発生時の段差抑制として，50cm程度の路床・路盤の沈下に対応できる工法が必要と考えられます．

このような中，平成24年に改定された「道路橋示方書」[2]において，地震

写真-1.2.1　橋台背面に発生した段差

7

1章　構造設計

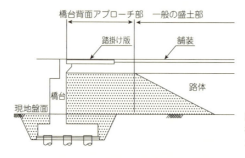

図-1.2.1　橋台背面アプローチ部と土工部とのすりつけ例

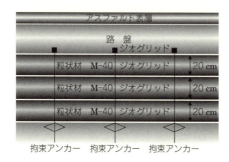

図-1.2.2　舗装断面

対策として橋台背面の沈下対策に関する記述が充実され，橋台背面の一定区間を「橋台背面アプローチ部」と定義し，橋の安全性や供用性に影響する重要な部分として位置付けました．橋と背面側の盛土等との路面の連続性が確保できるようにするため以下に示すとおり，設計，施工上の留意点を規定しました．

　1）基礎地盤の安定性
　2）橋台背面土工部の安定性
　3）排水性……①背面土の材料や基準値
　　　　　　……②排水工など

　また，「橋の複雑な地震応答や地盤の流動化による地盤変位等の原因により，橋台背面に著しい沈下が生じる場合においても，通行機能の確保が必要な橋においては踏掛け版の設置等の対策を講じる事が望ましい．」としています．

　踏掛け版は地震発生時の段差抑制の有効な方法の一つと考えられますが，昭和40年代以前の橋には踏掛け版は設置されていません．

1章　構造設計

写真-1.2.2　段差抑制効果の例

　　　　対策箇所　　　　　　　　　　　　　　対策なし

写真-1.2.3　地震対策型段差抑制工法実物大実験状況（550 mm沈下状況）

　橋やボックスカルバート等の地下構造物と盛土土工部との境に生じる段差を抑制する工法として現在，新技術情報システム（NETIS）等に幾つか登録されていますので，これらの工法について紹介します．

　なお，紹介する工法は，地震発生時に橋やボックスカルバート等の地下構造物と盛土土工部との境に起こる段差を無くすのではなく，段差の発生を許容しつつ最小限に抑え，車両の通行を確保することを目的としています．

・地震対策型段差抑制工法
　（NETIS登録No：KT-120053-A）[4]

　路床層に高強度のジオテキスタイルと特殊拘束部材を用いて，粒状層を強化した複合剛性層を構築する工法です．地震による地盤の変形により生じる空洞に対しジオテキスタイルと特殊拘束具で作られた複合剛性層が滑らかに追従することで，アスファルト舗装路面の段差を抑制し車両通行を妨げないようにします．橋台やボックスカルバートの背面においてはジオテキスタイルをアンカーで固定し一体化させることで舗装表面の段差を抑制し，土被り

9

1章　構造設計

写真-1.2.4　鋼製六角パネル

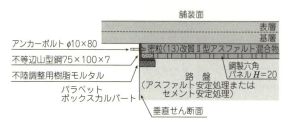

図-1.2.3　標準断面

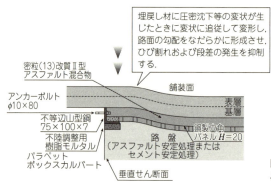

図-1.2.4
段差抑制効果イメージ

の多い地下構造物においては構造物を跨いで施工することによりアスファルト舗装路面の段差を抑制します．

・背面処理工（可撓性踏掛け版）

（NETIS登録No：CB-060031-V）[5]

　橋台やボックスカルバートの背面に鋼製六角パネルとアスファルト混合物の複合体で，可撓性の踏掛け版を構築する工法です．構築する可撓性の踏掛

1章 構造設計

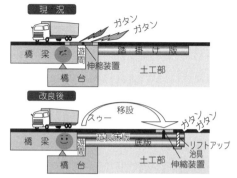

図-1.2.5
延長床版システムプレキャスト工法

写真-1.2.5
高じん性セメントボードのたわみ状況

け版は不等辺山型鋼とアンカーボルトで橋台およびボックスカルバートに固定し一体化させることで地震による路床層の沈下に柔軟に追従し，アスファルト舗装路面の段差を抑制します．橋や土被りの少ない地下構造物に適用可能です．

・延長床版システムプレキャスト工法
　（NETIS登録No：KT-090058-A）[6]
　延長床版システムプレキャスト工法は，橋の伸縮装置を橋体から盛土部へ移動し，通行車両からの衝撃を緩和する工法です．底版，延長床版が踏掛け版と同様の機能があると考えられ，地震発生時の段差抑制に効果があると考えられます．東北地方太平洋沖地震においても，アスファルト舗装面の段差抑制に効果があったことが確認されています．

11

1章 構造設計

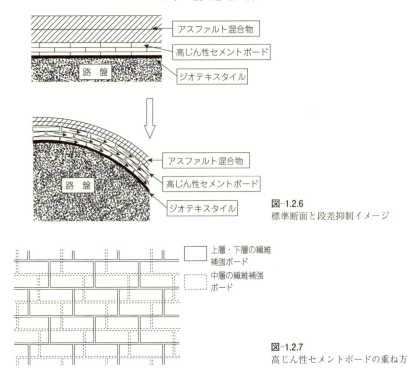

図-1.2.6
標準断面と段差抑制イメージ

図-1.2.7
高じん性セメントボードの重ね方

・地盤沈下対策構造，地盤沈下対策方法

（特開2009-250005号公報）[7]

　地下構造物に接する両側地盤の沈下対策として考えられた工法で，ボックスカルバート等の地下構造物の上を跨いでジオテキスタイルと薄型の高じん性セメントボード（1,820×910×8mm）を敷きつめて施工することでアスファルト舗装面の地震発生時の段差を抑制します．路床・路盤の変形に対しジオテキスタイルと高じん性セメントボードの強度とたわみ性で滑らかに追従させ，アスファルト舗装面のひび割れ，段差を抑制します．

(世紀東急工業(株)　白濱　幸則・2014年1月号)

1章 構 造 設 計

〔**参 考 文 献**〕

1）玉越隆史，星隈順一，小橋秀俊：国総研・土研　東日本大震災報告会「地震時の交通機能確保に配慮した道路構造物の技術基準」(2012.3)
2）(公社)日本道路協会：道路橋示方書・同解説(2012.3)
3）常田賢一，小田和広：道路盛土の耐震性能評価の方向性に関する考察，土木学会論文集(2009.11)
4）前田工繊(株)：SSR工法パンフレット4
5）ジャパンコンステック(株)：背面処理工法パンフレット
6）(株)ガイアートT・K：延長床版システムプレキャスト工法　パンフレット
7）(株)大林組：(特開2009-250005号公報)

13

2章 材 料

2-1 各種アスファルトの用途

key word ポリマー改質アスファルト，改質添加材，塑性流動対策，剥離抵抗性，骨材飛散抵抗性

> **Q** 現在，ストレートアスファルトのほかに，**各種のポリマー改質アスファルトがありますが，その種類と用途等，使用するアスファルトの選定方法（使い方）を教えてください．**

A アスファルト舗装用として使用されるポリマー改質アスファルトは，昭和30年代ごろから研究開発が行われ，各種改質材の変遷を経て現在に至っています．これまで一般的にポリマー改質アスファルトに用いられてきた改質材を**図-2.1.1**に示します．これらの改質材は，通常，ポリマーとも呼ばれています．

現在は熱可塑性エラストマーである**SBS**（スチレン・ブタジエン・スチレンブロック共重合体）が主流となっています．ちなみに，熱可塑性エラストマーとは，加硫することなしにゴム弾性を示す高分子物質であり，熱可塑性樹脂は，加熱することで軟化し冷却すると固化する合成樹脂を指します．

「舗装設計施工指針（平成18年版）」には，各種ポリマー改質アスファルトの標準的性状が示されており，**表-2.1.1**のような使用目的の目安が示されています．

2章 材料

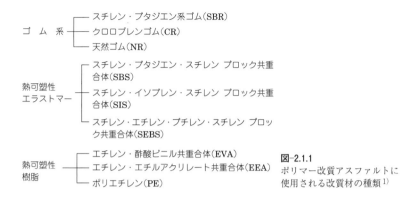

図-2.1.1 ポリマー改質アスファルトに使用される改質材の種類[1]

表-2.1.1 改質アスファルトの種類と使用目的の目安[2]

混合物機能	種類		ポリマー改質アスファルト						セミブローンアスファルト	硬質アスファルト
	付加記号		Ⅰ型	Ⅱ型	Ⅲ型	Ⅲ型-W	Ⅲ型-WF	H型	H型-F		
	適用混合物		密粒度・細粒度・粗粒度等の混合物に用いる．Ⅰ型・Ⅱ型・Ⅲ型は，主にポリマーの添加量が異なる．					ポーラスアスファルト混合物に用いられる．ポリマー添加量が多い．	密粒度・粗粒度混合物に用いられる．塑性変形抵抗性を改良．	グースアスファルト混合物に使用．
	主な適用箇所										
塑性変形抵抗性	一般的な箇所		◎								
	大型車交通量が多い箇所			◎				◎	◎	◎	
	大型車交通量が著しく多い箇所				◎	◎	◎	◎	◎		
摩耗抵抗性	積雪寒冷地		◎	◎	◎	◎	◎				
骨材飛散抵抗性								◎	◎		
耐水性	橋面(コンクリート版)			◯	◯	◎	◎				
たわみ追従性	橋面(鋼床版)	たわみ(小)	◯	◯							◎(基層)
		たわみ(大)				◎					◎(基層)
排水性(透水性)								◎	◎		

凡例 ◎：適用性が高い　◯：適用は可能
※付加記号の略字：W：耐水性 (Water-resistance)，F：可撓性 (Flexibility)

　以降では，各種ポリマー改質アスファルトの特徴と，使用用途について解説します．

1．「舗装設計施工指針」に示されているポリマー改質アスファルト
(1) ポリマー改質アスファルトⅠ型

　ポリマー改質アスファルトⅠ型(以下，改質Ⅰ型)は，坂路においてすべり抵抗性を高める目的でギャップ粒度の混合物を使用する際に，粗骨材の把握

15

2章 材　料

力を高める目的で開発されたバインダです．このため，ギャップ混合物など
すべり止め舗装のバインダとして用いられています．

　また，塑性変形抵抗性や摩耗抵抗性もストレートアスファルト(以下，ストア
ス)をバインダとした混合物より高い性能を示しますので，一般的な交通量で塑
性変形抵抗性を高めたい場合などにも適用可能です．

（2）ポリマー改質アスファルトⅡ型

　ポリマー改質アスファルトⅡ型(以下，改質Ⅱ型)は，塑性変形抵抗性を高
めたバインダであり，重交通路線の密粒度舗装やSMA混合物などに多く採
用されています．舗装現場で最も多く使用されている改質アスファルトであ
り，改質アスファルト全体の約60％（平成23年度）の出荷実績があります．

　ポリマーが添加されていることにより，バインダのタフネスやテナシティ
が向上し，軟化点も高くなるため，アスファルト混合物の塑性変形抵抗性や
摩耗抵抗性が向上します．

（3）ポリマー改質アスファルトⅢ型

　ポリマー改質アスファルトⅢ型(以下，改質Ⅲ型)は，改質Ⅱ型を使用してもわ
だち掘れが生じてしまうような箇所の流動対策として使用されます．主な適用
箇所は，N_7交通以上の超重交通路線や，産業道路など重荷重車両が多い路線，
低速走行でわだち掘れが生じやすい交差点部やバスターミナルなどが挙げられ
ます．

　改質Ⅰ型から改質Ⅲ型は，大型車交通量や適用条件を考慮して使い分けま
す．

（4）ポリマー改質アスファルトⅢ型-W

　ポリマー改質アスファルトⅢ型-W(以下，改質Ⅲ型-W)は，粗骨材に対す
るアスファルトの剥離抵抗性を高めたバインダです．

　橋面舗装では，舗装表面もしくは地覆部とのすき間から浸入した雨水が床
版上に溜まりやすく，この水によりアスファルト混合物の下面が揉まれ，ア
スファルトが剥離しやすい状況にあります．

　この剥離が進行すると，**写真-2.1.2**に示すようにいずれ舗装にポットホール
が発生することになるため，交通の要所となる橋面舗装において，コンクリー
ト床版上のレベリング層(基層)や表層には，改質Ⅲ型-Wをバインダとして用
いた混合物が適しています．

16

2章　材　　料

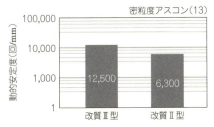

図-2.1.2　改質Ⅱ型・改質Ⅲ型の動的安定度の例[3]

改質Ⅲ型-W 混合物（密粒度 13）
剥離率　0 %

ストレートアスファルト混合物（密粒度 13）
剥離率　50 %

写真-2.1.1
改質Ⅲ型-W の剥離抵抗性の例[4]
（水浸ホイールトラッキング試験後）

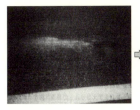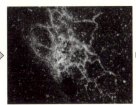

写真-2.1.2　アスファルトの剥離によるポットホールの発生

（5）ポリマー改質アスファルトⅢ型-WF

　ポリマー改質アスファルトⅢ型-WF（以下，改質Ⅲ型-WF）は，たわみ追従性があり，粗骨材に対する剥離抵抗性にも優れたバインダです．このため，鋼床版のレベリング層（基層）や表層に使用される混合物のバインダとして用いられます．

　鋼床版は，厚さ14 mm 程度の鋼版（デッキプレート）を縦リブと横リブで支える構造であり，その上に 6～8 cm 程度のアスファルト舗装が施工されます．

　この舗装の上を車両が通行すると，図-2.1.3に示すように縦リブ上などで，上下に大きくたわみが生じ，このたわみにアスファルト舗装が追従しきれない場合は，縦リブ上などに縦断クラックが発生することになります．

17

2章　材　　料

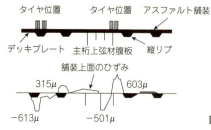

図-2.1.3　鋼床版に生じるひずみ[5]

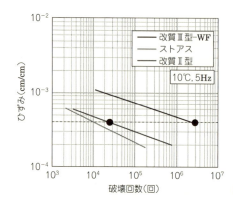

図-2.1.4　改質Ⅲ型-WF の疲労抵抗性

　よって，鋼床版上の舗装には繰り返されるたわみに対して高い抵抗性が必要となります．

　改質Ⅲ型-WF は，ひずみを400μ与えた疲労抵抗性試験で300万回の疲労破壊回数を示し，改質Ⅱ型の約100倍の耐久性を示すことから，特に交通量の多い鋼床版上の舗装に適しているといえます．

（6）ポリマー改質アスファルトH型

　ポリマー改質アスファルト H 型（以下，改質 H 型）は，ポーラスアスファルト舗装に用いられるバインダです．ポーラスアスファルト舗装は，雨水を浸透するために空隙率が17〜20％程度あり，粗骨材を主体とした混合物であるため，バインダには粗骨材を強力につなぎ止める役割が求められます．

　この性能を確保するため，改質H型は他の改質アスファルトと比べて，軟化点や60℃粘度，タフネスなどが高く，以前は高粘度改質アスファルトとも呼ばれていました．

　バインダの大きな特徴としては，**写真-2.1.3**に示すように，改質Ⅱ型など

2章 材　料

アスファルト連続相（例：ポリマー改質アスファルトⅠ，Ⅱ型）

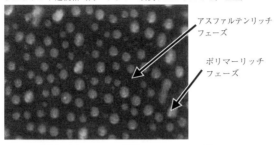

アスファルテンリッチ
フェーズ

ポリマーリッチ
フェーズ

ポリマー連続相（例：ポリマー改質アスファルトH型）

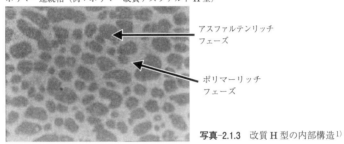

アスファルテンリッチ
フェーズ

ポリマーリッチ
フェーズ

写真-2.1.3　改質H型の内部構造[1]

はアスファルトを主体とした中にポリマーが分散した構造ですが，改質H型はポリマー添加量が多いため，ポリマーを主体とした骨格にアスファルトが分散した系をとっています．

(7)ポリマー改質アスファルトH型-F

ポリマー改質アスファルトH型-F（以下，改質H型-F）は，積雪寒冷地のポーラスアスファルト舗装に用いられるバインダです．積雪寒冷地では，冬期に通行車両や除雪車がタイヤにチェーンを装着するため，ポーラスアスファルト舗装の粗骨材が一般地域より飛散しやすくなります．

改質H型-Fは，バインダの低温性状を高めているため，**図-2.1.5**に示すように骨材飛散抵抗性を評価する低温カンタブロ試験において，改質H型より優れた抵抗性を示しています．

2．「舗装設計施工指針」に示されていない，新たなポリマー改質アスファルト

機能の向上，環境への配慮などのニーズを受け，ポリマー改質アスファル

2章 材料

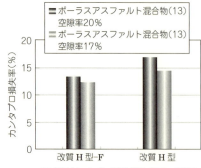

■ 低温カンタブロ試験（養生温度−20℃）

図-2.1.5 改質H型-Fの低温カンタブロ試験結果例[7]

表-2.1.2 「舗装設計施工指針」に示されていない主要なポリマー改質アスファルト

種類		用途	適用
再生混合物用		再生混合物用の改質アスファルト 再生材が30%まで，30〜50%までのものが主流	リサイクル 改質Ⅱ型，改質H型同等
薄層舗装用		薄層でも施工性が高い改質アスファルト たわみ性に優れ，ひび割れ抑制効果が高い	コスト削減
カラー舗装用		カラーバインダであるため着色が可能 各種改質アスファルトと同様の物性	景観向上 ストアス，改質Ⅱ型，改質H型同等
高耐久舗装用		コンテナヤードなど超重荷重箇所や，超重交通路線に適用する改質アスファルト	耐久性向上 改質Ⅲ型以上の耐久性
高耐久舗装用 （耐油性）		コンテナヤードなど超重荷重箇所や，超重交通路線に適用する改質アスファルト 耐油性があり，油漏れが懸念される箇所にも適用可能	耐久性向上 改質Ⅲ型以上の耐久性
中温化舗装用		混合物の製造・施工温度を約30℃低減可能な改質アスファルトが主流 通常の温度で混合物を製造することで，冬期の施工性を確保する用途でも適用	CO_2削減，寒冷期施工性改善 改質Ⅰ型，改質Ⅱ型，改質Ⅲ型 改質H型，再生用改質Ⅱ型同等
ポーラスアスファルト舗装	ねじれ抵抗性改善型	交差点など，ポーラスアスファルト舗装でねじりによる骨材飛散が懸念される箇所に適用される改質アスファルト	耐久性向上 ポーラスアスファルト舗装
	高耐久型	騒音低減効果や排水機能の向上を目指し，高空隙化や小粒径化を図るときに適用する改質アスファルト	騒音低減・排水機能向上 ポーラスアスファルト舗装
	鋼床版用	疲労抵抗性を高めた，鋼床版上のポーラスアスファルト舗装に適用する改質アスファルト	疲労抵抗性向上 ポーラスアスファルト舗装

2章 材　料

トも日々進歩しており，様々な種類のものが開発されています．**表−2.1.2**に代表的なものを示しますので，用途に応じて改質アスファルトメーカーにお問い合わせください．

（平岡　富雄・2013年12月号）

〔参 考 文 献〕
1）(一社)日本改質アスファルト協会：ポリマー改質アスファルト　ポケットガイド(平成22年8月版)(2010)
2）(社)日本道路協会：舗装設計施工指針(平成18年版)(2006)
3）ポリマー改質アスファルトカタログ：日進化成(株)
4）レキファルトカタログ：ニチレキ(株)
5）多田宏行編著：橋面舗装の設計と施工，鹿島出版会(1996)
6）シノファルトMカタログ：ニチレキ(株)
7）パーミバインダーFカタログ：東亜道路工業(株)

2−2　アスファルトから発生する臭気

key word　アスファルト，ガス濃度，ブローンアスファルト，消臭

> **Q** アスファルトには独特の臭いがありますが，今後の技術開発によって，臭いのしないアスファルトとなることは可能なのでしょうか．

A　通常，アスファルト舗装の上を車両で走行あるいは歩行している際に，アスファルトの臭いを感じることはありませんが，加熱アスファルト混合物が生産された直後などでは独特の臭気を感じます．

この臭気は，アスファルトが加熱されると発生するガスによるものです．**図−2.2.1**には，密閉空間においてアスファルトを加熱し，その際に発生する各種のガス濃度と温度の関係例を示します．温度の上昇とともに発生するガス量も多くなるため，臭いも強くなることが推測されます．

なお，現実のアスファルトは開放された状態で使用するため，この図よりガス濃度はさらに希釈され，安全性の面での問題はありません．

普段から舗装に従事している方は，この臭気に慣れている場合も多いのでしょうが，接する機会の少ない人々は，異臭と感じるかもしれません．

図−2.2.2に示すように，アスファルトは原油の精製過程において，最も重

2章 材 料

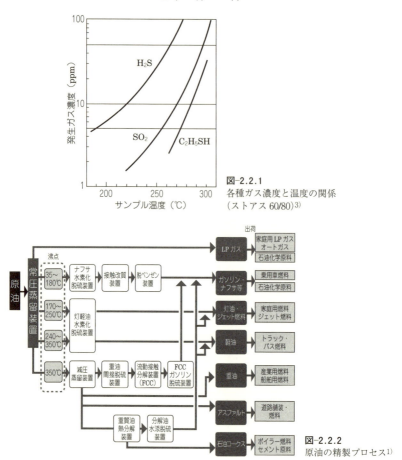

図-2.2.1 各種ガス濃度と温度の関係
(ストアス 60/80)[3]

図-2.2.2 原油の精製プロセス[1]

質な成分として生産されることから,アスファルトの臭気成分は原油に由来しています.

原油は古代の動植物が,厚い地層中で嫌気性バクテリアの作用や熱,圧力の影響を受け,長い年月をかけて二次的な分解を起こして生成されたものという説があります.原油の一部であるアスファルトは複雑な高級炭化水素の化合物[2]体であり,大部分の化合物は分離して物質の種類を特定することが困難です.そのためアスファルトを分析する場合は,分子構造的に類似した成分(飽和分,芳香族分,レジン分,アスファルテン分)に分類する手法が用いられています.

22

2章 材 料

次に臭いのないアスファルトの技術開発に関する可能性について記述します.

ある物質の臭いを消す(消臭)方法には,悪臭成分と消臭成分を化学反応させて無臭化する方法(化学的消臭法)と,悪臭成分を包含するなどして封じ込める方法(物理的消臭法)等があります.

いずれの方法でも悪臭の成分が特定できれば消臭は可能ですが,先述したように天然資材の原油を精製することで得られるアスファルトには,化学構造を特定できない多種多様な成分が含まれています.このため,臭いの成分を特定することは困難であり,効果のある消臭成分を見い出せないことが,アスファルトを無臭化するための障壁となっています.

ただし,**図-2.2.1**に示したように高温になればなるほどアスファルトから発生するガス量が増加するわけですから,この発生量を抑止する目的で,従来よりも低い温度でも同等の作業性が得られるアスファルトにすることで,低臭化を図ることは可能といえ,防水工事用のブローンアスファルトでは実用化されています[4].

(吉武　美智男・2015年12月号)

〔参考文献〕
1) コスモ石油(株) HP
　http://www.cosmo-oil.co.jp/oilbusiness/refining.html
2) 金崎健児,岡田富男:アスファルト,p.13,日刊工業新聞社(1963)
3) (社)日本アスファルト協会:用語解説,アスファルト,Vol.31,No.156,p.73(1988)
4) (社)日本アスファルト協会:用語解説,アスファルト,Vol.38,No.185,p.56(1995

2-3 密度補正の必要性と運用

key word　アスファルト混合物,密度補正,容積率,質量配合率

密度の異なる骨材を使用する際は,密度補正を行いますが,その理由と運用について教えてください.

密度補正は,密度の差が0.2以上異なる骨材が2種類以上あるときに行います.その理由は,材料間の密度が異なる場合,容積配合と質量

2章 材 料

配合が相違するためです．厳密に言えば混合物の基本的な組成は，本来，容積率で示されるべきと考えられますが，一般に骨材の密度の差が小さいときには，容積配合≒質量配合とみなせることから，アスファルト混合物の骨材の配合割合は，予定粒度となるように使用材料の粒度から各材料の配合割合（合成粒度）を質量配合で設定します．

しかし，密度の差が0.2以上異なる骨材が2種類以上あるときは，以下の手順により骨材配合率（質量配合）を設定した後に，密度補正を行う必要があります．

①予定粒度を決定する

②使用材料の粒度を確認する

③骨材配合率（合成粒度）を決定する

④密度補正を行う

したがって，密度補正を行う場合は，密度補正後の質量配合率に基づき理論密度を算出し，空隙率などを確認する必要があります．同様に，実際の工事で使用する出荷混合物の粒度管理についても，密度補正後の質量配合率に基づくこととなります．

（五伝木　一・2014年12月号）

〔参考文献〕
1) 2-11 粒度設定における比重補正，舗装技術の質疑応答　第1巻，p.64，建設図書（1972.8）
2) 3-10 骨材比重による配合比率の補正，舗装技術の質疑応答　第3巻，p.107，建設図書（1977.6）

2-4 セメントの種類と特徴

key word 普通ポルトランドセメント，高炉セメントB種，熱膨張係数，塩分遮へい性

Q コンクリート舗装に用いるセメントは，普通ポルトランドセメントや高炉セメントが主に用いられていますが，どのような特徴があるのですか．使い分ける必要がありますか．

A 日本工業規格JISに規定されているセメントは，ポルトランドセメント，および混合セメントである高炉セメント，フライアッシュセ

2章 材 料

メント，シリカセメントに加えてエコセメントと，多様です．ご質問にありますように，コンクリート舗装に用いられる主なセメントは普通ポルトランドセメントと高炉セメントB種です．また，一般構造物を含めてもこの2銘柄の使用が非常に多い状況です．2013年度の統計データ[1]によると，日本国内での品種別の生産量の割合は，普通ポルトランドセメントが74.7%，高炉セメントが25.1%です．生産量第2位の高炉セメントは，石灰石資源の節約，省エネルギー効果，CO_2発生抑制効果が認められ，2001年度に，いわゆるグリーン購入法の特定調達品目に指定(ただし，30%を超える高炉スラグを使用した高炉セメントに限る)されたこともあり，高炉セメントB種(高炉スラグの分量が30% mass を超え60% mass 以下の高炉セメント)の使用量は大きく増加しているといえます．

　一昔前まで，通常の高炉セメントは水和発熱低減効果があるとされ，マスコンクリートの温度ひび割れ対策として利用されていました．しかし，土木分野のコンクリート構造物の温度ひび割れ発生事例が少なからず報告されています．この一因は，近年，高炉スラグの比表面積を増加させて水和発熱が大きくなったことが挙げられます．高炉セメントの強度発現性を普通ポルトランドセメント並みに確保するための対策です．

　このように最近は高炉セメントのキャラクター(特性)が変わっていますので，最近の研究成果に基づく高炉セメント(主にB種)を使用したコンクリートの特徴[2]を，普通ポルトランドを使用したコンクリートと比較して整理します．

(1)強度発現性

　20℃程度の環境下においては，ほぼ同等です．また，長期強度は大きくなります．ただし，低温度環境下では強度発現性に劣ります．特に初期材齢で顕著です．冬季の強度発現性を確保するためには，保温養生による水和促進および養生期間を長くする，十分な散水養生をするなどの対策が必須です．場合によってはセメント種類を変えることが最も有効な対策かもしれません．

(2)水 和 発 熱

　高炉スラグは温度依存性が大きく，温度が高くなると反応が促進され，その結果，発熱量が大きくなります．さらに，近年では高炉スラグの比表面積が大きいため，水和発熱は普通ポルトランドセメントより同等かやや大きく

25

2章 材 料

なる場合があります．なお，最近では，比表面積を小さくした低発熱型の高炉セメントが開発され実用化されています．

（3）熱膨張係数

コンクリート舗装の版厚設計に大きく影響を及ぼす熱膨張係数ですが，従来の設計値はセメントの種類によらずに10×10^{-6}／℃とするのが一般的でした．近年の研究・調査によれば，高炉セメント使用コンクリートは普通ポルトランドセメントを使用した場合に比べて1.2倍程度であり，12×10^{-6}／℃が設計値として提案されています[3]．

（4）収　　縮

乾燥収縮はほぼ同等ですが，自己収縮が大きくなります．自己収縮は水和反応による収縮現象で，水を十分に与えた養生を行っても収縮が生じるため厄介な現象といえます．水セメント比が小さいほど，また温度が高いほど，自己収縮は大きくなる傾向があります．舗装用コンクリートは水セメント比が40～45％と比較的小さく，30 cm程度の版厚でも水和による温度上昇も小さくないため，施工条件によっては目地カッタの施工前にひび割れが発生する危険が高くなるなど，その影響は小さくないといえます．文献4）において計算される自己収縮ひずみの予測値(最終値)は，W/C 0.42，コンクリート版内の最高温度を50℃とすると，高炉セメントを用いた場合は-280×10^{-6}程度で普通ポルトランドセメントを用いた場合に比べて1.4～1.5倍になります．

（5）アルカリシリカ反応性の抑制

セメント中に含まれるアルカリ量が普通ポルトランドセメントに比べて少ないことなどから，アルカリシリカ反応を抑制する効果が期待できます．

（6）塩分遮へい性

高炉セメントはその潜在水硬性によりセメント硬化体の組織が緻密になり，塩化物イオンなど外来劣化要因のコンクリート中への透過速度が普通ポルトランドセメントを用いた場合に比べて遅くなります．コンクリート標準示方書に規定されている見掛けの拡散係数を比較する[4]と，W/C 0.42とした場合，普通ポルトランドセメントを用いた場合の約1/3となります．

このように高炉セメントと普通ポルトランドセメントは，同じセメントでも似ても似つかぬことがお分かりになったかと思います．コンクリート舗装工事を行ううえで，施工条件や環境条件などを勘案して，セメントを選定す

2章　材　　料

ることが重要であるといえます.

((一社)セメント協会　吉本　徹・2014年12月号)

〔参考文献〕
1)(一社)セメント協会：セメントハンドブック2014年版(2014)
2)横室　隆, 宮澤伸吾, 川上勝弥：コンクリート用高炉スラグ活用ハンドブック, セメントジャーナル社(2011)
3)日本コンクリート工学会：マスコンクリートのひび割れ制御指針2008(2008)
4)(公社)土木学会：2012年制定コンクリート標準示方書設計編(2013)

2-5　鉄鋼スラグの JIS 改正

key word　鉄鋼スラグ, 高炉スラグ, 製鋼スラグ, エージング

> **Q** 最近, 鉄鋼スラグの JIS が改正になったと聞きましたが, 何が変わったのでしょうか. 舗装に使用する際の留意事項があれば教えてください.

A　**1. JIS改正の背景と趣旨**[1)~4)]

　1998年に **JIS Q 0064**(ISO ガイド64)「製品規格に環境側面を導入するための指針」を受けて, 2003年に日本工業標準調査会の「土木技術専門委員会」および「建築技術専門委員会」の審議によって「建設分野の規格への環境側面の導入に関する指針」が制定されました. これは, 建設構造物についても, そのライフサイクルを通して環境側面を評価し, 規定しようとするものです.

　この指針を受けて, 2005年にスラグ類の環境安全品質に関する試験法として **JIS K 0058**(スラグ類の化学物質試験方法［溶出量試験方法及び含有量試験方法］)が制定されています.

　その後, あらゆる循環資材に対し, 共通する「基本的な考え方」について検討が進められ, 2011年に指針の付属書として,「付属書Ⅰ-コンクリート用スラグ骨材に環境安全品質及びその検査方法を導入する指針」と「付属書Ⅱ-道路用スラグに環境安全品質及びその検査方法を導入する指針」が制定されました. スラグ類等の循環資材環境安全品質および検査方法とその基本的

2章 材　料

な考え方を**図-2.5.1**と**表-2.5.1**に示します.

これらの動きを受けて,今回の JIS 改正となりました.

結果的には,従来の JIS にはない,有害物の含有量や溶出量が検査され,安全な品質のものが出荷される手順が明確に決められました.基本的に道路用鉄鋼スラグについては,"土壌汚染対策法基準"を基本とした有害物の有無を「環境安全形式検査」でチェックしておき,具体的な材料の受渡しについ

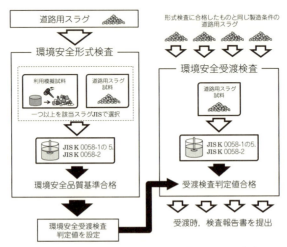

図-2.5.1　道路用スラグの環境安全品質検査の流れ[1),2)]

表-2.5.1　循環資材の環境安全品質および検査方法に関する基本的な考え方[1)]

項　目	内　容
① 最も配慮すべき暴露環境に基づく評価	環境安全品質の評価は,対象とする循環資材の合理的に想定しうるライフサイクルの中で,環境安全性において最も配慮すべき暴露環境に基づいて行う.
② 放出経路に対応した試験項目	溶出量や含有量等の試験項目は,①の暴露環境における化学物質の放湿経路に対応させる.
③ 利用形態を模擬した試験方法	個々の試験は,試料調整を含め,①の暴露環境における利用形態を模擬した方法で行う.
④ 環境基準等を遵守できる環境安全基準	環境安全品質の基準値設定項目と基準値は,周辺環境の環境基準や対策基準等を満足できるように設定する.
⑤ 環境安全品質を保証するための合理的な検査体系	試料採取から結果の判定までの一連の検査は,環境安全品質基準への適合を確認するために「環境安全形式検査」と環境安全品質を製造ロット単位で速やかに保証するための「環境安全受渡検査」とで構成し,それぞれ信頼できる主体が実施する.

2章 材　料

ては，「環境安全受渡検査」でチェックされた品質のものが出荷されます.

利用者側にとっては，従来の品質性状表に「環境安全品質」の項目が追加され，より安心して使用できると理解できます.

2. 鉄鋼スラグの種類[2),5),6)]

鉄鋼スラグには，高炉でせん鉄を造るときに発生する高炉スラグと，鋼を製造する製鋼工程で生成する製鋼スラグがあります. これらの鉄鋼スラグの種類と概要を**表-2.5.2**に示します. 転炉精錬の工程の変化に伴い，従来のJISでは解説されていなかった「溶せん予備処理スラグ」も説明されています.

表-2.5.2　鉄鋼スラグの種類と概要[5)]

種類および概要					主な用途
鉄鋼スラグ	高炉スラグ	・銑鉄を製造する高炉で溶融された鉄鉱石の鉄以外の成分は，副原料の石灰石やコークス中の灰分と一緒に高炉スラグとなり分離回収される. ・高炉スラグは天然の岩石に類似した成分を有している（CaO, SiO_2 を主成分として Al_2O_3, MgO, 硫黄などが含まれる.） ・また，冷却の方法により徐冷スラグと水砕スラグとなる.		徐冷スラグ	・溶融スラグを冷却ヤードに流し込み，自然放冷と適度な散水により冷却したもので，結晶質の岩石（塊）状となる.	・舗装用材 ・コンクリート用骨材（粗骨材）
				水砕スラグ	・溶融スラグを加圧水により急冷，粒状化（水砕）したもので，一般にガラス質が主体となる.	・舗装用材 ・コンクリート用骨材（細骨材） ・裏込め材 ・軟弱地盤の覆土材
	製鋼スラグ	・高炉で製造された溶鉄やスクラップから，じん性・加工性のある鋼にする製鋼過程で発生するスラグであり，精錬炉の種類により，転炉系製鋼スラグ，電気炉系製鋼スラグに分類される. ・鉄やマンガンなどの金属元素が酸化物の形でスラグ中に取り込まれたり，遊離石灰として残るものがある. このため，比重が大きく，水と接触した際に膨張する性質を示す原因となる.	転炉系製鋼スラグ	・転炉で銑鉄を精錬してじん性・加工性のある鋼を製造する際同時に生成するスラグ. CaO, SiO_2 を主成分として FeO, MgO, MnO などが含まれる.	転炉スラグ	・左に同じ. ・転炉精錬の前工程で，リンや硫黄等を除去する溶せん予備処理工程の普及により減少傾向にある.	・舗装用材 ・地盤改良材 ・セメント原料
				溶せん予備処理スラグ	・溶鉄を転炉に挿入する前に，溶鉄の脱硫，脱珪，脱リン等の処理をする際に生成するスラグの総称.	
			電気炉系製鋼スラグ	・製鋼過程で発生するスラグで，電気炉でスクラップを主原料として鋼を製造する工程で生成するスラグ. ・電気炉精錬では，炉内の雰囲気を酸化性，還元性に変えることが可能であり，それぞれの過程で発生するスラグを酸化スラグ，還元スラグという.	酸化スラグ	・酸化精錬時に生成するスラグ. 溶鋼中に溶かし込んだ酸素と反応して生成された金属酸化物で構成され，化学的に安定している.（CaO, SiO_2, FeO, MgO, MnO など）	・舗装用材 ・コンクリート用骨材（粗骨材）
				還元スラグ	・酸化精錬後，酸化スラグを排出し，新たに還元剤，石灰等を挿入し，溶鋼中の酸素を除去する還元精錬により発生するスラグで，成分中に石灰分を多く含む.	・セメント原料 ・土壌改良材の原料

29

2 章　材　　料

3．舗装に利用するうえでの鉄鋼スラグの性質[5),7)～9)]

　鉄鋼スラグそのものは，基本的にはほとんど変わっていません．従来から言われている長所，短所を，以下に説明します．

3-1　長　　所

1）鉄鋼スラグを利用することにより，スラグを廃棄するための処分場が必要なくなります．

2）新規骨材の使用が減り，省資源とともに砕石生産に伴う環境破壊を防止できます．

3）鉄鋼スラグには，いずれも何らかの水硬性があり，長期的に強度の発現が期待できます．

4）供給基地がある場合は，一定の品質のものが大量に入手できます．

3-2　短　　所

1）硬質砂岩に比べると，一般的に軟らかい（アスファルト舗装の表層に用いられるのは，鉄鋼スラグの中で比較的硬い製鋼スラグです．しかし，それほどの硬さを求められない路盤材においては，高炉スラグも製鋼スラグもこれらの混合物も用いられます）．

2）高炉徐冷スラグは，水中に浸漬させると硫化カルシウムが加水分解し，さらに逐次進行して多硫化イオンを精製することにより，溶液は黄色を呈し，温泉臭を発する場合があります（あらかじめスラグ中の硫黄を溶出させるエージング処理が施されており，通常は問題ありません）．

3）製鋼スラグは，一般に石灰分が多く，遊離石灰に水が反応した場合（水酸化石灰になる反応のみならずエトリンガイトの生成により）膨張する性質があります（あらかじめスラグ中の遊離石灰を反応させるエージング処理が施されており，通常は問題ありません）．

4）鉄鋼スラグは何らかの形で石灰分や硫黄分等を含むため，pH が高くなります（一般の道路においては，周りの地盤（土壌）の緩衝作用により，その影響はほとんどありません）．

5）供給基地（エリア）が限定されます．

2章 材 料

4. まとめ[10]~[12]

現在の天然骨材の状況をみると非常に危機的な状況にあり、年々その品質は低下しつつあります。一方、鉄鋼スラグのような準国産資源は、基本的な特性を把握し、しっかり品質管理されたものであれば、相対的に高品質の骨材と考えられます。資源の有効活用面からもこれらをうまく使っていくことが、今の舗装技術者に求められています。

（日本道路㈱ 野々田 充・2014年12月号）

〔参考文献〕
1）コンクリート用骨材又は道路用等のスラグ類に化学物質評価方法を導入する指針に関する検討会　総合報告書，経済産業省環境局産業基盤標準化推進室（2012.3）
2）JIS A 5015：2013
3）真野孝次：規格基準紹介　スラグ骨材に関する規格の動向その1，建材試験情報，Vol.50（2014.2）
4）真野孝次：規格基準紹介　スラグ骨材に関する規格の動向その2，建材試験情報，Vol.50（2014.3）
5）瀬戸内海再生ニュービジネス創出調査事業報告書，経済産業省中国経済産業局（2011.2）
6）2-4　鉄鋼スラグの種類と用途，舗装技術の質疑応答　第8巻（2001）
7）鉄鋼スラグ協会：鉄鋼スラグ製品の特性と有用性（パンフレット）（2012）
8）松田 博，中川雅夫，篠崎晴彦：講座：建設・産業廃棄物の地盤工学的有効利用　9.鉄鋼スラグ，土と基礎，No.572（2005.9）
9）鉄鋼スラグ協会技術委員会：講座 舗装用材料の作り方　道路用鉄鋼スラグ，舗装（2000.1）
10）久保和幸：低品位骨材の利用に関する調査研究，舗装，（2000.6）
11）海老澤秀治，向後憲一，坂本浩行：アスファルトプラントアンケート調査による混合物骨材の実態，舗装（2007.8）
12）山田 優：連載「コンクリート舗装　新時代」第3回着々と進む学・協会での研究活動　3.舗装用骨材資源の有効活用に関する研究活動，セメント・コンクリート，No.748（2009.6）

2-6　蒸発残留物の針入度の違いによる乳剤性能

key word　アスファルト乳剤，タックコート，プライムコート，蒸発残留物，針入度

Q 　PK-3とPK-4の乳剤性状は蒸発残留物の針入度範囲しか違いませんが、これはアスファルト乳剤としてどのような性能の違いとして現れるのでしょうか。

A 　PK-3とPK-4の標準的性状は，JIS K 2208-2000において**表-2.6.1**に記したとおり規定されています。このJIS規格を見ると、ご質問の

2章 材 料

項目		PK-3	PK-4
エングラー度 (25℃)		1~6	
ふるい残留分 (1.18mm)質量%		0.3以下	
付着度		2/3以上	
粒子の電荷		陽(+)	
蒸発残留分 質量%		50以上	
蒸発残留物	針入度 (25℃) 1/10mm	100を超え300以下	60を超え150以下
	トルエン可溶分 質量%	98以上	
貯蔵安定度 (24h)質量%		1以下	

表-2.6.1
PK-3とPK-4の品質および性能

とおり PK-3と PK-4は蒸発残留物の針入度範囲だけが異なり，その他の性状は同じです．

　PK-3と PK-4の針入度範囲による性能の違いを説明する前に，PK-3と PK-4の用途と目的について概説します．

　PK-3の用途として，プライムコート用およびセメント安定処理層養生用との記載があり，その目的は以下の4つです．

　①路盤表面部に浸透し，その部分を安定させる．

　②降雨による路盤の洗掘，表面水の浸透などを防止する．

　③路盤からの水分の毛管現象を遮断する．

　④路盤とその上に施工するアスファルト混合物とのなじみをよくする．

　一方，PK-4の用途はタックコート用との記載があり，その目的は以下の2つです．

　①新たに舗設するアスファルト混合物層とその下層の瀝青安定処理層，中間層，基層との接着性を向上させる．

　②舗装の継目や構造物との付着をよくする．

　したがって，PK-3は路盤への浸透を目的に，PK-4はアスファルト混合物どうしの接着を目的としたアスファルト乳剤ということになります．このように，求められる性能は PK-3と PK-4で大きく異なりますが，この性能は針入度に大きく依存します．

　アスファルト乳剤の諸性能と針入度の関係について記した文献1）によると，PK-3では以下のように記されています．

・寒冷期には針入度の高いアスファルトを，温暖期には低いアスファルトを用いること．

・路盤への浸透を十分にさせたいときは，より高い針入度のアスファルトを

2章　材　料

用いること.

　一方，PK-4では以下のように記されています.

・基層や表層のアスファルト混合物の針入度に近いアスファルトを用いること.

・交通量の多い箇所では，針入度の低いアスファルトとすること.

　PK-3は路盤への浸透性が要求されるアスファルト乳剤であるため，高い針入度のほうが浸透性に優ることが推測できます.

　一方，接着性が要求されるPK-4で要求される針入度の範囲は，基層または表層のアスファルト混合物に用いる針入度に近いことが理想となります.

　舗装用アスファルト混合物に使用するアスファルトは，針入度60〜80のストレートアスファルトを用いることが多いことから，アスファルト乳剤中の蒸発残留物の針入度も60〜80に近いものが用いられています.

　またアスファルトの針入度は，アスファルトのコンシステンシーを表す指標の1つなので,針入度が低くなれば接着強度は大きくなる傾向となります.

　したがって，PK-4の蒸発残留物の針入度はPK-3よりも低く設定してあります. 近年, （一社）日本アスファルト乳剤協会で規格化したPKM-Tの蒸発残留物の針入度はPK-4よりも低い5〜30の範囲であるため，交通量の多い路線などではPK-4よりも優れた層間接着性能が期待できます.

　PK-3とPK-4では蒸発残留物の針入度に違いがあるのみですが,各乳剤メーカーは浸透性が求められるPK-3と，接着性が求められるPK-4で乳剤配合を変えているのが実情ですので，目的が異なる使用は避けるべきと考えます.

（東亜道路工業㈱　松井　伸頼・2015年12月号）

〔参考文献〕

1）日本アスファルト乳剤協会 技術委員会：アスファルト乳剤と舗装用骨材,あすふぁるとにゅうざい, No.57, pp.6〜11（1979.6）

2章 材 料

2-7 剥離防止材の剥離抑制のメカニズム

key word アスファルト混合物，剥離，剥離抑制剤，消石灰，セメント

> **Q** アスファルト混合物の剥離対策として，昔から消石灰やセメントが有効とされています．一方，現在では化学系の剥離防止材も市販されていますが，剥離抑制のメカニズムは異なるのでしょうか．

A アスファルト混合物が継続的に水の影響を受けると，混合物内の骨材からアスファルトが離脱する現象である，剥離を生じることがあります．

剥離を発生させる原理としては，図-2.7.1に示すような界面張力からの説明や，図-2.7.2に示すような表面電位からの説明が考えられています[1]．いずれも骨材とアスファルトの接着面に水が介在することが要因となります．

アスファルト混合物の剥離はポットホールやわだち掘れ等，重大な破損へとつながることから，剥離が発生しそうな場合においては，あらかじめ対策を施すことが供用性を確保する観点から重要となります．

近年では，表層にポーラスアスファルト混合物を用いたことで，これまで

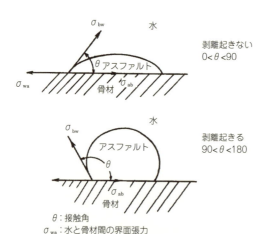

θ：接触角
σ_{wa}：水と骨材間の界面張力
σ_{ab}：アスファルトと骨材間の界面張力
σ_{bw}：アスファルトと水間の界面張力

図-2.7.1 界面張力による剥離のモデル

2章 材 料

図-2.7.2
表面電位による剥離のモデル

水にさらされる機会が少なかった基層アスファルト混合物に剥離が生じ，舗装の破損を招く事例も多くなっています．

剥離を抑止するには，水を介在させないことが重要ですが，ポーラスアスファルト舗装直下に使用するアスファルト混合物のように，水の影響が避けられない場合では，耐水性の高い良質な骨材を使用したり，アスファルト量を多めに配合するなどが有効な手段となります．

また，ご質問にあるようにセメントや消石灰などの無機系添加材を用いる剥離抑止対策は古くから行われており，その効果も認められています[2]．

これらの無機系添加材が剥離を抑止するメカニズムとしては，骨材表面のイオンと無機系添加材のイオンが結合することで界面活性効果が生じ，アスファルトと骨材間の付着力を高める[3]，あるいは無機系添加材がアスファルト中に分散することでフィラービチューメンとなり粘性を高めることで付着力が高まる[4]などの説があります．

ただし無機系添加材によって剥離抑止効果を得るには，アスファルト混合物中の石粉の50%程度を置き換えることが必要となり，混合物製造工程が煩雑化するとともに，均一な混合性の確保が難しいなどの課題もあります．

一方，アミン化合物やアミド化合物などの界面活性剤(以下，有機系添加材)をアスファルト等に混合することでも，剥離抑止の効果が得られます．

これら有機系添加材は**図-2.7.3**に示すように，添加材中の吸着基が骨材と水素結合を形成することで，強力な接着力が得られるようになります．

有機系添加材はアスファルトへのなじみが良く，分散性も優れていることから，事前にアスファルトへ添加することが可能です．このため，混合物製造時の煩雑さがなく，均一な混合性も確保されます．

ただし加熱することによって効果が低減する場合もある[6]ようですので，事前に製造メーカへ確認することが必要です．

剥離対策を実施するうえで，無機系添加材および有機系添加材を問わず，

2章 材　料

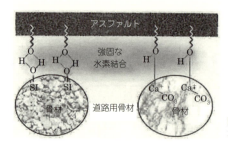

図-2.7.3
有機系添加材の接着メカニズム[5]

骨材の種類によっては効果を発揮しない場合もありますので，適合性をよく検討することが重要となります．

（吉武　美智男・2015年12月号）

〔参考文献〕
1）峰岸順一；剥離防止用添加剤，アスファルト，Vol.32, No.161(1989)
2）建設省道路局国道一課，土木研究所；アスファルト混合物のはく離現象に関する調査研究(Ⅱ)，第26回建設省技術研究会報告，p.281(1972)
3）南雲貞夫，小島逸平；水浸ホイールトラッキング試験によるアスファルト混合物のはく離性状，舗装(1979.8)
4）三浦裕二，渋谷　勉，掘　忠雄；消石灰添加によるアスファルト混合物のはく離防止効果について．第11回日本道路会議論文集(1973)
5）花王(株)；グリッパー4131技術資料
6）太田昌昭，岩崎信行，熊谷茂樹；アスファルトハク離防止剤の効果について　北海道開発局土木試験所，月報No.183(1968)

3章 アスファルト舗装

3-1 アスファルト混合物の種類と特徴

key word アスファルト混合物，2.36mmふるい通過量，F付き混合物，ギャップ粒度混合物

Q 粗粒度アスファルト，密粒度アスファルトおよび細粒度アスファルトのそれぞれの特徴は何ですか．

現在，わが国におけるアスファルト舗装は，施工する地域の気象条件や交通量および道路勾配等によりアスファルト混合物の種類を選択して適用するようになっています．

アスファルト混合物の種類と特性および主な使用箇所は，「舗装施工便覧」に記載のとおり(**表-3.1.1**)ですが，ここでは，各混合物の粒度に着目して，もう少し詳しく解説してみたいと思います．

なお，粗粒度アスファルト混合物は，主に基層に用いられているため，表中には記載されていません．

1．混合物の種類
(1) 2.36mmふるい通過質量百分率による区分

アスファルト混合物は，どのようにして区分されているのかについてですが，粗粒度，密粒度，細粒度は，2.36mmふるい通過量により明確に分かれ

3章　アスファルト舗装

表-3.1.1 表層用混合物の種類と特性および主な使用箇所

アスファルト混合物	特性 耐流動性	特性 耐摩耗性	特性 すべり抵抗性	特性 耐水性・耐ひび割れ	特性 透水性	主な使用箇所 一般地域	主な使用箇所 積雪寒冷地域	主な使用箇所 急勾配坂路
②密粒度アスファルト混合物（20,13）							※	※
③細粒度アスファルト混合物（13）	△		○			※		
④密粒度ギャップアスファルト混合物（13）			○			※		※
⑤密粒度アスファルト混合物（20F,13F）	△	○					※	
⑥細粒度ギャップアスファルト混合物（13F）	△		○				※	
⑦細粒度アスファルト混合物（13F）	△	○					※	
⑧密粒度ギャップアスファルト混合物（13F）	△		○				※	※
⑨開粒度アスファルト混合物（13）			△		○	※		
⑩ポーラスアスファルト混合物（20,13）	○	△			○	※		※

ています.

図-3.1.1は，各混合物の粒度範囲における2.36mmふるい通過量の範囲を示したものです．図から分かるように，2.36mmふるい通過量が，20～35%の範囲に入るものは粗粒度で，35～50%の範囲は密粒度，50～65%は細粒度となっています.

なぜ，2.36mmふるい通過量なのかというと，アスファルト混合物においては，粗骨材と細骨材の境目が2.36mmだからで，つまり，混合物中に含まれる石と砂の割合ということになります．

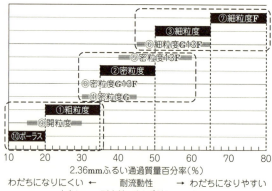

図-3.1.1
2.36mmふるい通過量と混合物特性の関係

(2) 2.36mmふるい通過量と混合物特性

表-3.1.1の特性の欄に示されているとおり，例えば，耐流動性について細粒度などは密粒度よりも劣るとなっています．これは，2.36mmふるい通過量が密粒度よりも多いためです．このように，2.36mmふるい通過量を見ることによって，各混合物の特性をある程度推測することができます．

砂分が多い(2.36mmふるい通過量が多い)方が，緻密で耐水性が大きく，逆に石が多い(2.36mmふるい通過量が少ない)と透水性が大きいということもお分かりいただけると思います．

2．F付き混合物

積雪寒冷地域の表層には，主に「F付き混合物」が使われます．

Fは，フィラー(Filler)の頭文字を取ったもので，文字どおり石粉などの粉分が多く含まれていることを表しています．

図-3.1.2は，各混合物を0.075mmふるい通過量で整理したものです．表-3.1.1に示されている積雪寒冷地域に適した混合物は，F付きとなっており，密粒度が6％程度なのに対して，8％以上の粉分が含まれています．

これは，一般に粉分が多い混合物は，摩耗抵抗性が大きいことによります．なお，ポーラスアスファルト混合物は，バインダの結合力が高いため，積雪寒冷地域でも用いることができます．

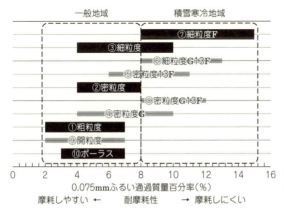

図-3.1.2 0.075mmふるい通過量と混合物特性の関係

3章 アスファルト舗装

3．ギャップ粒度混合物

　ギャップ粒度混合物とは，2.36mmふるいを通過して，0.6mmふるいにとどまる粒径の部分を意図的に減らした混合物のことをいいます．

　通常の混合物は，この部分の通過質量百分率が20％程度あるのに対して，ギャップ粒度混合物は，10％以下となっています．

　一般的にこの部分の粒径の骨材が少ない場合には，路面に適度な凹凸ができるため，すべり抵抗性が向上すると言われています．

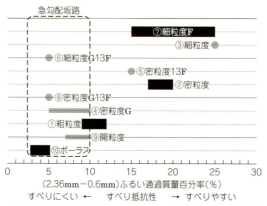

図-3.1.3　（2.36mmふるい通過量－0.6mmふるい通過量）と混合物特性の関係

　図-3.1.3は，2.36mmふるい通過量から0.6mmふるい通過量を差し引いた値で各混合物を整理したものです．表-3.1.1の特性の欄に示されているすべり抵抗性が密粒度よりも高い混合物は，ギャップ粒度が多いことが分かります．このため，このような混合物は，高いすべり抵抗性が要求される急勾配箇所等に適した混合物といえます．

（市岡　孝夫・2014年12月号）

3章　アスファルト舗装

3-2　内割りと外割りの計量方法の違い

key word　骨材配合，骨材計量，マーシャル供試体，アスファルト混合物

> **Q**　内割り，外割りと先輩から言われますが，よく分かりません．また，マーシャル供試体を作製する際，骨材計量値を同じにする方法と混合物質量を同じにする方法がありますが，どちらが正しいのでしょうか．

A
1. 内割り，外割りについて
1-1　考え方

内割り・外割りとは，結合材あるいは添加剤や補足材などの配合割合を求めるときに使用する考え方で，基準とするものの違いにより，内割配合と外割配合に分けられます．

内割配合と外割配合の概念を図で表すと，**図-3.2.1**のようになります．

内割配合とは，混合物の全体質量を100とした場合の結合材の割合で，結合材も内側に取り込んだ形の配合割合となります．

一方の外割配合は，骨材を100とした場合の結合材の割合で，結合材を外に出した形の配合割合となります．

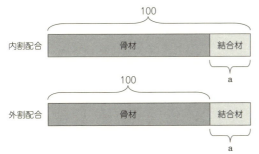

図-3.2.1　内割，外割配合の考え方

1-2　計算例

内割配合と外割配合では，実際の計量値が異なるため注意が必要です．以下に，それぞれの計算例を示します．

3章　アスファルト舗装

①外割配合の場合

骨材の質量を1,000g，結合材の割合を5%としたときの結合材の計量値は，単純に以下のとおりとなります．

$a = 1,000 \times 5 / 100 = 50.0 \text{g}$

②内割配合の場合

内割配合の場合は，骨材質量に結合材の質量を加えたものが100となるため，計算が多少複雑になります．

$a = 1,000 \times 5 / 100 / (1 - 5/100) = 52.6 \text{g}$

このように，結合材の添加率(5%)が同じでも，内割りと外割りでは，計量値が異なることとなります(**図-3.2.2**)．

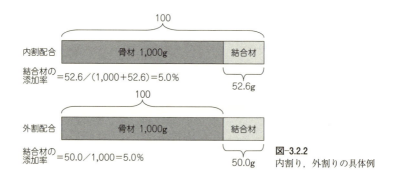

図-3.2.2　内割り，外割りの具体例

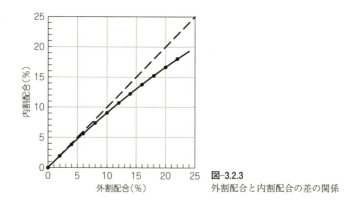

図-3.2.3　外割配合と内割配合の差の関係

3章　アスファルト舗装

図-3.2.3に外割配合と内割配合の関係を示します．配合割合が少ないときには，両者の差はあまり多くありませんが，配合割合の増加とともにその差は広がっていき，配合割合が20%の場合では3.3%も異なることになります．

つまり，外割配合で20.0%のものを内割配合で算出すると16.7%になるということです．

1-3　使い分け

上述のように，内割配合と外割配合では，結合材の計量値が異なるため，特に，配合割合が多い場合には，両者の使い分けが重要となります．

基本的に，結合材の添加量ごとの混合物特性の変化を求める場合は，内割配合で行う必要があります．

外割配合は，現場で施工する場合など，「骨材100kgに対して結合材を1kg入れる」などの決められた配合のものをつくる場合などでは計量が容易なため，こちらの方がよいといえます．

また，結合材の量の変化に対して，混合物特性の変化がシビアなものについては内割配合で示し，そうでないものについては，作業の容易性を重視して外割配合で示すものだと考えられます．

ちなみに，アスファルト混合物におけるアスファルト量は内割りで示し，路盤や路床の安定処理を行う際の固化材の割合を求める場合は，外割りで示すこととなっています．

2．マーシャル供試体作製時の計量方法
2-1　考え方

次に，ご質問の後半部分についてですが，アスファルト混合物の配合設計を行う際の計量表を作成するときの留意点についてご説明します．

マーシャル供試体作製時の計量表を作る際，以下の2つの方法で行われていると思われます．

①骨材計量値を一定にする方法

②混合物質量を一定にする方法

どちらの方法もでき上がったアスファルト混合物に対するアスファルトの割合は同一となりますが，両者には以下の特徴があります．

前者は，骨材計量値が一定のため，計量作業を行う際すべて同じ質量で行

43

3章　アスファルト舗装

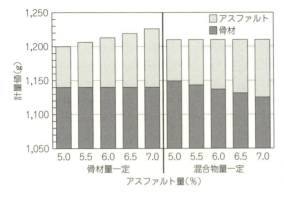

図-3.2.4 計量方法の違いによる計量値の変化

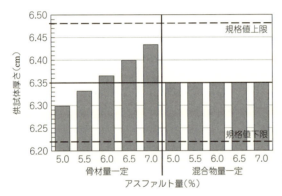

図-3.2.5 計量方法の違いによる供試体厚さの変化

えます．そのため，作業が容易で作製ミスに備えて予備の計量済み骨材を用意することができます．

　後者は，締め固めた混合物の質量が一定となるため，厚さの均一化が図れますが，骨材を計量する際，すべての配合によって計量値が異なるため，作業が煩雑となり，作製ミスに対する予備計量が困難となります．

　参考として，**図-3.2.4**に両者の方法で供試体を作製した場合の計量値の試算結果を示します．骨材量を一定とした場合には，徐々に混合物質量が増加していき，混合物質量を一定とした場合には，練上がりの混合物質量は一定ですが，骨材の計量値が徐々に少なくなっていくことが分かります．

3章　アスファルト舗装

2-2　留意点

　実用上は，どちらの方法でマーシャル供試体を作製しても問題はないものと思われますが，マーシャル供試体には，厚さの規格値(63.5±1.3mm)があるため，アスファルト量が極端に変化する場合などは骨材計量値を一定にする方法だと高さが規格値の範囲を超えてしまう可能性があるため注意が必要です．

　図-3.2.5は，両者の方法で作製したマーシャル供試体のアスファルト量と計算上の供試体厚さの関係を示したものです．当然のことながら，アスファルト混合物は，アスファルト量が異なると締固め密度が変化するため，図のとおりにはなりませんが，骨材量を一定とした方法では，アスファルト量が多くなると，厚さの規格値を満足できない可能性があることが分かります．

（市岡　孝夫・2014年12月号）

3-3　高速道路橋梁部に適用するアスファルト混合物

key word　橋面舗装，レベリング混合物，FB13，SMA，Cavity，防水層

> **Q** 最近，高速道路の橋梁部で **FB13** という名称のレベリング用混合物が開発されたそうですが，その詳細を教えてください．

　A NEXCO(当時日本道路公団)の高速道路の橋梁部で，コンクリート床版の保護を目的に防水層を本格的に施工するようになったのは1994年です．その当時の橋面舗装は，表層，レベリング層ともに密粒度アスファルト混合物を使用していました．

　その後，雨天時の交通事故対策として「高機能舗装」の名称でポーラスアスファルトを表層に全面採用した際，橋梁部における止水性確保の観点から，密粒度混合物に比べ，水密性に優れ，かつ耐流動性も確保できる SMA(砕石マスチックアスファルト混合物)をレベリング層用に開発し採用してきました[1]．

　しかし，近年の橋梁保全についての意識の高まりを背景に，**NEXCO** では，2010年より防水性能，遮塩性能，引張・せん断性能，ひび割れ追従性等につ

45

3章 アスファルト舗装

いての要求水準を大幅に高めた「高性能床版防水」を導入したところ，この防水層を施工した橋梁部でポットホールが発生する事象が散見されました．

　現地調査の結果，この損傷形態は，以下に示す2つのパターンに大別されることが判明しました．

①コンクリート床版と防水層間の接着不良

②防水層とSMA間の接着不良

　損傷実態としては，大半が②のパターンに分類され，この原因としては，

②－1 高性能床版防水に使用されている舗装接着層が未溶融で，防水層とSMAが接着していない．

②－2 防水層とSMAの間に滞水が見られ，SMAが剥離により脆弱化している．

という2点が挙げられました．

　ここで，前記②－1については，冬季施工条件であっても舗装接着層が溶融し接着力を発揮できること，という高性能床版防水に対する要求性能を見直す対応がすでに図られています[2]．

　②－2のケースについては，実験による検証を行ったところ，橋梁レベリング層の場合，特に冬季においては，床版や防水層表面(舗設基面)が低温状態にあり，ここに直接触れると，レベリング混合物の底面は相当な温度低下を生じ，その結果，防水層との間に小さな隙間群(Cavity)が形成されることが明らかになりました(**図-3.3.1, 2**)．

　その場合，レベリング層と防水層は点接着となり，接着力が発揮されにくいだけでなく，舗装の施工継目や壁高欄の地覆，伸縮装置部との境界等から浸入した雨水が，防水層との間に滞水しやすくなり，この状態での交通荷重下において，アスファルトの剥離が促進され，ポットホールにつながるものと考えられました．

　NEXCOでは，粗骨材量の多い**SMA**で目立ったこれらの課題を解消すべく，新たなレベリング用混合物の開発に着手しました．ここでは，防水層との間に発生する**Cavity**を抑制することを主眼に，連続粒度の配合とし，低粗粒度・高アスモル率で水密性の高い混合物となるよう検討を重ね，耐流動性については，改質アスファルトにより確保することとしました．

　写真-3.3.1に，転圧後の混合物底面の状態を示します．今回開発したレベ

46

3章 アスファルト舗装

リング用混合物(FB13)は,凹凸の少ない混合物であることが分かり,これにより課題だった防水工との接着面積を増加させることができました.

また,冬季施工を模した条件で引張接着試験を行うと,FB13は防水層や

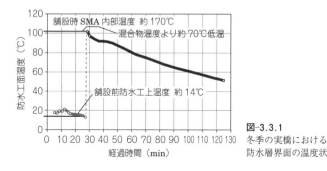

図-3.3.1
冬季の実橋における
防水層界面の温度状況

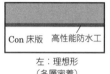
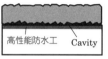

図-3.3.2 Cavity の概念図

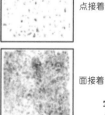

写真-3.3.1
レベリング用混合物の底面の状態

表-3.3.1
レベリング用混合物と
防水層との接着性

製品 A-1　SMA

防水工面温度(℃)	転圧直前 SMA 内部温度 (℃)			
	100	120	130	140	160
0	-	0.55	1.02	1.16	1.07
10	0.30	1.00	0.82	0.84	-
20	0.54	0.81	0.92	1.06	-

製品 A-1　FB13

防水工面温度(℃)	転圧直前 SMA 内部温度 (℃)			
	100	120	130	140	160
0	0.58	1.09	1.24	1.24	0.93
10	0.86	1.11	1.23	1.23	1.14
20	0.97	0.81	1.15	1.15	1.23

▨:Cavity あり
太枠:引張接着強度不足(0.6MPa 未満)
※すべてポリマー改質Ⅱ型を使用

アスファルト混合物の温度が低い場合でも，Cavity の発生が少なく，接着性も低下しにくいことが分かります(表-3.3.1).

NEXCO では，2015年7月の設計要領改訂[3]で，この FB13 を追加しており，現場条件に影響されにくく，高性能防水工との安定した接着性を確保しやすいレベリング層を今後使用していくことにしています．

(高橋　茂樹・2015年12月号)

〔参　考　文　献〕
1) 七五三野茂，佐藤正和，皆方忠雄：砕石マスチックアスファルトの床版防水層への適用性に関する検討，舗装，pp.15〜20(1999.10)
2) 東日本高速道路(株)・中日本高速道路(株)・西日本高速道路(株)：構造物施工管理要領，pp.2-298〜321(2015)
3) 東日本高速道路(株)・中日本高速道路(株)・西日本高速道路(株)：設計要領第一集舗装編，pp.58〜60(2015)
4) 加藤　亮，佐藤正和，神谷恵三：高性能床版防水工に適合した橋梁レベリング層用混合物に関する研究，土木学会論文集E1(舗装工学)，Vol.69，No.3(舗装工学論文集第18巻)，pp.I-87〜94(2013)

3-4　アスファルト混合物の欧州規格

key word　アスファルト混合物，CEN，欧州共通規格

> **Q** 欧州には新しいアスファルト混合物に関する規格があると聞きました．その概要を教えてください．

A　2006年に CEN(欧州標準化委員会)/TC 227 から，欧州共通規格として EN 13108 が発表されました．その内容は主に混合物種類により以下のように細分化されています．

　　EN 13108-1　アスファルトコンクリート
　　EN 13108-2　薄層アスファルトコンクリート
　　EN 13108-3　ソフトアスファルト
　　EN 13108-4　ホットロールドアスファルト
　　EN 13108-5　SMA
　　EN 13108-6　マスチックアスファルト
　　EN 13108-7　ポーラスアスファルト

3章　アスファルト舗装

EN 13108-8　再生アスファルト

これら以外にも試験法等がシリーズ化されています．なお，本規格は原則的な仕様が決められているだけで，詳細は各国で補足されているようです．例えば，英国と南欧では多少の違いがあります．2008年からは，欧州すべての混合物製造者がこの規準に従って製造しており，わが国の事前審査制度と同様に証明書も発行されています．

規格の詳細は原書を参照していただきたいと思いますが，ここでは最も一般的な EN 13108-1 の概要（英国版）について，主に興味深い点を説明します．

（1）混合物の種類

アスファルト混合物の種類が以下のように決められています．

| AC | D | base/bin/surf | binder |

ここで，

AC：アスファルトコンクリート

D：骨材の最大粒径

base/bin/surf：路盤，基層，表層

binder：バインダの針入度級

例えば，10mm トップの骨材，針入度80〜100の混合物を表層に用いる場合には，

AC10surf80/100

と表記されます．EN13108-1 にはこの規則にのっとって，かなり多くの混合物が基準化されています．

（2）混合物の粒度

混合物の種類によらず規格で規定されているのは，以下の4つのふるい目の粒度範囲だけです．ここで，"D"は（1）と同様に最大粒径を示します．

1.4D , D , 2mm , 0.063mm

最大粒径ごとの粒度範囲を**表-3.4.1**に示します．

さらに，D と 2mm との間，2mm と 0.063mm の間の値は，混合物の種類によって定められます．この値（ふるい目やその粒度範囲）は国やエリアによって異なっているようですし，最終的な粒度範囲はこれらに許容範囲を加味して決定されるようです．

なお，わが国の密粒度（13）と比較すると英国の場合はかなり粗くなってい

49

3章　アスファルト舗装

表-3.4.1 最大粒径ごとの粒度範囲

ふるい目 (mm)		1.4D	D	2	0.063
最大粒径 (mm)	4.0	100	90-100	50-65	5.0-17.0
	6.3	100	90-100	15-72	2.0-15.0
	8.0	100	90-100	10-72	2.0-12.0
	10.0	100	90-100	10-60	2.0-12.0
	12.5	100	90-100	10-55	0-12.0
	14.0	100	90-100	10-50	0-12.0
	16.0	100	90-100	10-50	0-12.0
	20.0	100	90-100	10-50	0-11.0
	31.5	100	90-100	10-50	0-11.0

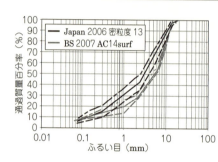

図-3.4.1 密粒タイプの粒度範囲の比較

ます．粒度範囲の比較を**図-3.4.1**に示します．

(3)バインダ

AC14surf（表層用）に用いられるバインダは，70/100, 100/150, 160/220, 250/330の4種類とされています．環境条件等の違いはありますが，わが国に比べて非常に軟らかいバインダが使用されているのが特徴です．また，使用する粗骨材ごとに粒度に応じて最少バインダ量が規定されており，またバインダごとの製造温度が規定されています．表層用の例を**表-3.4.2,3**に示しますが，バインダ量が少ないこと，加熱温度が高いことも特徴です．

(4)配合設計

配合設計は締固め方法も含めて，その試験法が別の規格に定められています．また，適用箇所等に応じて，空隙率，水浸抵抗性，耐摩耗性，耐流動性などの規格が定められており，それらの規格を満足するように配合設計されます．

(5)耐流動対策

耐流動対策としてEME2という仕様が規定されています．EME2は基層に適用され，バインダが10/20あるいは，15/25とかなり低針入度のものが用い

3章　アスファルト舗装

表-3.4.2　骨材種類と最少バインダ量

骨材種類	バインダ量(%)
石灰岩	4.9
玄武岩	5.1
その他の砕石	5.1
鉄鋼スラグ	4.8
玉砂利	5.4

表-3.4.3　混合温度（上限）

バインダ	混合温度（℃）
70/100	180
100/150, 160/220	170
250/300	160

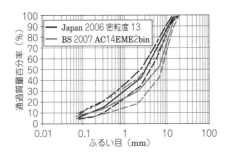

図-3.4.2
EME2の粒度範囲の比較

られています．また，一例として，最大粒径14mmの場合の粒度範囲を図-3.4.2に示しますが，表層用と同様にかなり粗い粒度となっています．

以上，EN13108の概要について紹介しました．わが国にはその実情が伝わってきておらず，供用性等については不明の部分が多いですが，非常に興味深い取組みのように思われますので，今後の動向が楽しみです．

（日本道路(株)　濱田　幸二・2015年12月号）

3-5　わだち掘れに影響する気象条件

key word　アスファルト舗装，わだち掘れ，気象条件，接地圧，供用性

Q わだち掘れに影響する気象条件には何がありますか．

A 結論から言えば，「わだち掘れ」に最も影響する気象条件は「気温」と「日射」です．日射量の大きい箇所においては，気温も上昇し，さらにその日射に含まれるエネルギーを吸収した舗装体の温度が上昇します．それによって，「わだち掘れ」が発生しやすい状況となります．

51

3章　アスファルト舗装

　気温などに起因する「舗装体温度」の違いによって生じるわだち掘れ量の差は，舗装調査・試験法便覧［第3分冊］「ホイールトラッキング試験方法」[1)]の解説（6）に記載があります．

　ホイールトラッキング試験において，試験温度や接地圧などの試験条件を変更した際の試験結果への影響については，過去に当時の建設省土木研究所や日本道路公団等で検討が行われており，その検討報告の中で試験温度および接地圧，動的安定度の関係は，図-3.5.1のように示されています．

　この図より，試験温度が50℃と60℃の動的安定度の差は，約4倍，40℃と50℃では6～7倍の結果となっています．

　一方で，接地圧による動的安定度の差は，どの温度帯においても，約1.5倍程度の結果です．

　これにより，わだち掘れの差については，接地圧（輪荷重）の大きさよりも，舗装体温度による影響がかなり大きいと判断できます．

　次に影響があると考えられる気象条件は「雨」です．降雨（＝水）により舗装の空隙に水が浸透し，その上を車両が走行することで骨材とアスファルトの剥離が進行し，最後は舗装が破壊する可能性があります．

　水の影響による舗装の剥離の度合いについては，舗装調査・試験法便覧［第3分冊］「水浸ホイールトラッキング試験方法」[1)]で求めることができるようになっています．

　3つめに考えられる気象条件は「雪」です．降雪した際に，タイヤチェーンを装着した車両で道路を走ることで，わだち掘れ（摩耗）が発生します．

　このチェーンによる摩耗わだちの耐久性評価試験としては，舗装調査・試験法便覧［第3分冊］「ラベリング試験方法」[1)]で求めることができるように

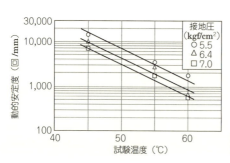

図-3.5.1　試験温度，接地圧と動的安定度の関係

3章　アスファルト舗装

なっています.

　このほかに考えられる気象条件としては「風」ですが, これによりわだち掘れ量に差が出ることについて, 検討した研究成果や発表等もなく, ほぼ影響がないものと考えられます.

　いずれにしても, 交通条件だけではなく, 気象条件を勘案して, 舗装材料を選定することは, 長期供用性を有する舗装を提供するために必要な事項です.

（村上　浩・2015年12月号）

〔参考文献〕
1）(社)日本道路協会：舗装調査・試験法便覧(2007.6)

3-6　アスファルトの変色現象

key word　アスファルト舗装, アスファルトラスト, 補修, 黄鉄鉱

Q　開業を控えた商業施設の外構駐車場のアスファルト舗装においてタイヤ痕や作業員の足跡が乾いた泥が付着したような色（黄土色）に変色し, 清掃を指示されました. 変色部には砂や泥は観察されず, 水洗いでは消えなかったので床用洗剤でしっかり洗ったところ, 舗装全体が古い舗装のように白っぽく変化してしまい変色の一部は残りました. そこで薄めた墨汁をローラはけで全面に塗り, なんとか発注者の了解を得ました.
　この汚れについて, 推察される原因と対処方法を教えてください.

A　商業施設では仕上がりが重視されますから, さぞやお困りだったと想像します.

　舗装の汚れは, 土砂等によるものは施工時〜施工後の対処で防ぐことができます. ご相談の内容から, この汚れはアスファルトラスト（アスファルトの錆）と呼ばれる舗装の表面が黄系色〜茶系色に変色(あるいは着色)したものと考えられます[1].

　アスファルトラストは, 混合物の表面のアスファルトが水と太陽光線に

53

3章　アスファルト舗装

よって，化学的にわずかな水溶性を持つ物質に比較的短時間で変化し，視覚的に変色して観察されます．アスファルトのごく表面の変化[2]であることから，この変色が混合物の供用性状に影響を与えることはありません．

　この変色現象については，骨材や石粉あるいはアスファルトの種類や生産工場，混合物の種類やアスファルト量，再生か新材か，施工の規模や使用機械の種類，さらに変色の条件と関連した水の性質に依存しないことなどを調査したうえで，アスファルト自体が原因物質であるとし，化学分析，再現実験，文献調査等を実施してまとめた報告が本誌にあります[3]．この号の口絵には，カラー写真も掲載されています．

　水滴の模様状に全面に発生したり，水たまりの形に変色したり，ご相談者の例のように，雨上がりの水滴が残る舗装面に立ち入った跡がそのままに変色した複数の報告があります．

　舗装作業中にローラを給水目的で停車させたときにその跡が変色した，あるいは新設の舗装面に水をこぼした跡が変色として残ったなど，いずれも施工後比較的短い期間の舗装面で，水と光が介在してアスファルトラストとなって観察されます．

　この現象は，どのような条件のときに発生するのかが十分に解明されておらず，現時点では屋外でこの現象を防ぐことは困難です．

　類似の変色には，鉄輪ローラの水タンク内で発生した錆や，舗装面に停車した鉄輪ローラの表面に発生した錆による例が挙げられます．さらに，混合物中の骨材に含まれる黄鉄鉱などの鉄分を含む鉱物が空気中の酸素や水分で酸化され，酸化された鉄分が雨水で流れ出して骨材の周囲を鉄錆色に着色する例もあります．

　これらの場合，鉄錆が原因物質ですから，還元剤水溶液や洗剤で洗浄したり軽減したりすることができます．

　アスファルトラストによる変色は，車が走る道路のような場所では翌日に消滅した例もありますが，変色の薄いものでは数日〜数週間，濃い場合でも数箇月経過すると目立たなくなります．バーナで変色した路面を軽く加熱したときや，変色した供試体を加熱した例では，すぐに消滅したとの報告もあります．しかし，バーナで加熱する方法での大面積の変色への対処は，火災や混合物の劣化等が懸念されます．

54

3章　アスファルト舗装

　目立たなくなるまで待てればそれに越したことはありませんが，ご質問の例では，部分的にでも何らかの方法で対処せざるを得なかったようです．希釈した墨汁による着色は，乾燥すればタイヤへの付着や目立つ流失は認められず，小面積では安価で有効とのことですが，墨汁の種類が異なると効果に差がみられる，塗りむらが見える，あるいは作業中にラインや周囲を墨液で汚損したといった事例があります．

　やむをえず打替え施工した例や薄層カラー舗装した例もありますが，アスファルトラストは，長い日数を必要とせずに周囲と同化して気にならなくなる変色であることを覚えておくとよいでしょう．

（前田道路㈱　水口　浩明・2015年12月号）

〔参考文献〕
1）三谷治郎：ブローンアスファルト（アスファルト特集号），三菱石油技術資料，第82号，pp.29〜36（1994.12）
2）草場敏広，内田昌秀，村山翔一：アスファルト表面遮水壁表面保護層の変色と紫外線量の測定，土木学会第61回年次学術講演会，5-082，pp.163〜164（2006.9）
3）（一社）日本道路建設業協会 九州支部 技術振興委員会：アスファルト舗装の変色現象について，舗装，pp.6〜11（2012.8）

3-7　小面積箇所におけるアスファルト舗装

key word　アスファルト舗装，タンパ，プレート，常温アスファルト混合物，補修

> **Q** 家の近くの道路で大きな機械を使って舗装をしていたのですが，個人で庭などを舗装する事はできるのでしょうか．できるとしたらどのような物が必要ですか．

　A ご覧になられた機械は，アスファルトフィニッシャといって加熱したアスファルト混合物を敷きならすための機械や，ローラといった大きな車輪の付いたアスファルト混合物を締め固めるための機械だと思われます．このように道路を作ったりする場合には，そのほかにも大きな専用の機械を用いて工事が行われます．また，使用しているアスファルト混合物は，アスファルトプラントと呼ばれる工場で砂と砕石とアスファルトを加熱混合

55

3章　アスファルト舗装

写真-3.7.1　プレートによる転圧

して製造しています．アスファルトは温度が低くなると硬くなる性質があるため，現場では110℃以上の温度で使用しています．

　さて，ご質問の個人で庭などの舗装ができるかについてですが，アスファルトプラントから材料を購入することは可能であり，材料の敷きならしにスコップを利用し，転圧にはタンパやプレートと呼ばれる小型の転圧機械をレンタルして用いることで施工は可能だと思います．しかしながら，先に述べたように材料は温度が低くなると硬くなるため，効率よく作業を進めなければ作業中に材料が固まってしまい失敗してしまいます．また，材料が高温であるため火傷など事故の危険性があるほか，アスファルトによる汚れ防止対策を行う必要があります．

　なお，材料の最小購入量はアスファルトプラントのミキサ容量によりますが，おおむね500kgと大量であることや，余った材料は産業廃棄物として適切に処分する必要もあるので，個人で加熱した材料を用いて舗装を行うことはお勧めできません．

　そこで，ここでは個人で施工可能な常温混合物による舗装の方法について紹介します．常温混合物はアスファルトに軟化剤や溶剤等を添加することで，常温での扱いを容易にした混合物です．常温混合物は，一般に加熱混合物よりも耐久性はやや劣りますが，貯蔵も可能という特徴を有しており，混合物の硬化が徐々に進行するため，作業する時間に余裕があり，硬化前なら手直しも可能なことから舗装作業に不慣れな個人が施工するには適している材料といえます．常温混合物の入手は，アスファルトプラントから直接，あるいは建

材店やホームセンター，インターネットなどから可能で，10～40kg 程度に袋詰めされた状態で販売されており，使用数量に合わせて購入が可能です．施工は加熱混合物と同様に，スコップで敷きならした後にタンパやプレートを用いて転圧するのですが，施工面積が少ない場合や舗装に強度が必要のない場合には足で踏み固めたり，板などで押し固めたりすることで代用できます．最近では化学反応を利用して硬化させる混合物も開発されていて，スコップで成形後に水を撒くだけで強度が得られる舗装もあります．そのほか，耐久性を向上させた混合物やカラー化された混合物など，使用の目的に応じて様々な種類の材料があるので，各メーカーにお問合わせのうえご使用ください．

(世紀東急工業(株)　鈴木　祥高・2015年12月号)

3-8　アスファルト舗装のクリープ現象

key word　アスファルト舗装，レオロジー，クリープ，塑性変形，バーガーモデル

Q 時々，ど根性大根とかいってアスファルト舗装を突き抜けて大根が出てきたりします．なぜこのようなことが起きるのでしょうか．

はじめに

ご質問のような現象は，兵庫県相生市の「ど根性大根」などが一時的に有名になり，ご存じの方も多いかと思います．そのほかにも北海道ではアスパラガスがアスファルト舗装を突き破って収穫できたとか，他の地域でも彼岸花などがアスファルト舗装を突き破って出てきたという写真がインターネットでも多数紹介されています．

なぜこのような現象が起きるのかというと，アスファルト混合物が粘弾性体であることに起因しています．ほとんどの物質の変形や流動については，弾性体や塑性体などの単純なモデルでは表しにくく，それらの単純なモデルが幾つも組み合わさって粘弾性体という物質で挙動を表すことが試みられています．これは，比較的新しい分野の学問でレオロジー (**Rheology**) と呼ばれています(例えば，参考文献1))．本来なら，このような学問についても解説する必要がありますが，私には荷が重いので，少し簡単にメカニズムだけ

57

3章 アスファルト舗装

をご説明し，アスファルト舗装が植物に突き破られないために実際にどんな対策が試みられているかについて簡単に述べたいと思います．

話は少し脱線しますが，身近な例で粘弾性体の説明をします．

水あめの瓶を想像してください．この水あめをスプーンで一気にかき取ろうとするとかなりの力が必要です．ところが，うっかりこのスプーンを水あめの瓶の中に落としてしまったら……．翌朝にはスプーンは，力を加えずとも瓶の底まで沈んでしまっているでしょう．水あめの温度にもよりますが，この場合，スプーンという荷重の載荷速度が重要です．粘弾性体は小さな荷重でも時間をかけて載荷すると容易に変形してしまうということです．実際の舗装の例では，空港施設の舗装が挙げられます．総重量が約400 t弱もあるジャンボジェットが下りてくる滑走路は，載荷速度が速いので比較的薄いアスファルト舗装でできていますが，このジャンボジェットが駐機するエプロンは，荷重の載荷速度が遅いので比較的厚いコンクリート舗装になっています．

1．アスファルトの性質

粘弾性体であるアスファルトの物理的な性質でリラクゼーションというものがあります．これは，アスファルトにひずみ(応力)を加え，これを一定に保ち続けると，時間とともにアスファルトに働く応力が減少する現象をいいます．満員電車に押し込まれたとき，電車が発車してすぐは窮屈ですが，時間が経つと乗客がドア付近から奥に(緩い方に)分散して少しずつ窮屈が緩和されていくのと似ています．

一般的には，このような粘弾性体物体の特性である残留変位，戻り変位を表現するモデルとしてマス・ばね・ダンパ法(**MSD法**)が用いられています．ばねモデルは，加重・除重すると瞬時に変形する弾性体の性質を持ち，ダンパモデルは，加重すると徐々に変形し，除重してもそのままの形を維持する粘性体の性質を持っています．ばねとダンパを直列につないだモデルをマクスウェル(**Maxwell**)モデルと呼び，ばねとダンパを並列につないだモデルをフォークト(**Voigt**)モデルと呼びます．アスファルト混合物の残留変位等の挙動解析には，フォークトモデルとマクスウェルモデルを直列につなげた四要素モデルであるバーガー(**Burger**)モデルが使われることが多いようです

58

3章　アスファルト舗装

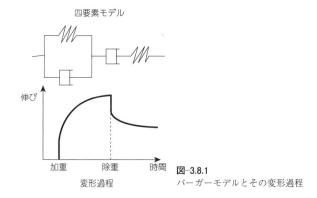

図-3.8.1
バーガーモデルとその変形過程

(例えば，参考文献2)).

　バーガーモデルでは，例えば，このモデルを引っ張るとマクスウェル部のばねが瞬間的に伸びます．そして，同部のダンパとフォークト部の影響で徐々に伸びていきます．除荷すると，まず瞬間的にばねが縮みます．そして，フォークト部の影響で徐々に元に戻りますが，マクスウェル部のダンパの分は，そのまま変位が残ります．このモデルを模式図で示すと**図-3.8.1**ようになります．

　このモデルで前述のリラクゼーションを説明すると次のようになります．荷重を加えるとばねが瞬時に変形して大きく抵抗しますが，ダンパが徐々に変形してばねの抵抗力が緩和されていきます．大根などの植物は一定の温度や水分などの条件がそろえば成長を始めますが，アスファルト舗装の下の植物の芽は，その成長に伴ってアスファルト舗装を押し上げます．小さな力ですが，アスファルトを押し続けることになります．このとき，アスファルト舗装は抵抗しますが，このリラクゼーションという性質によって抵抗力が緩和されていきます．すると植物の芽は，また成長を続けアスファルト舗装を押し上げていきます．このような作用の繰返しによってアスファルト舗装はゆっくりと変形していくことになります．このような変形をクリープ変形(一定の荷重のもとで時間とともに進行する永久変形)ともいいます．

２．植物がアスファルト舗装を突き破るメカニズム

　実は，このような問題に対しては，舗装技術の質疑応答第6巻の「8-11 アスファルト舗装を突き破る雑草の対策」[3]ですでに説明してあります．

3章　アスファルト舗装

植物がアスファルト舗装を突き破るメカニズムについては，次のように説明されています．

「アスファルト混合物層は太陽熱に温められて温度が上昇すると，アスファルトの粘性が低下して締め固められたアスファルト混合物の強度が低減していくことは周知のとおりです．このような状況の中で，雑草の芽は成長に適した水分や温度などの環境刺激を受けると，成長ホルモンの作用によって先端（成長点）が細胞分裂をしながら，上へ上へと非常にゆっくりした速度で伸びていきます．そして，強度が低下したアスファルト混合物層に侵入し，内部の微細な間隙やひび割れなどに沿って徐々に突き進み，その結果，舗装表面を持ち上げて貫通するまでに至ります．」[3]

すなわち，アスファルト混合物のリラクゼーションという性質によって条件さえそろえば，植物がアスファルト舗装を突き破って成長するのは決して珍しい現象ではありません．植物がアスファルト舗装を突き破るメカニズムは，模式図で表すと次のような3つのパターンが報告されています[4]．

1つ目は今回のご質問にあるようにアスファルト舗装を下から突き破る場合です．ただし，この場合は，歩道部や路肩部のように比較的アスファルト舗装の密度が低い箇所に発生しやすいようです．

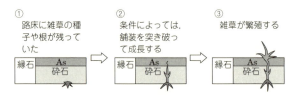

図-3.8.2　地盤に残っていた植物が成長する場合

これまでの研究によれば，以下のようなことが分かってきました[5]．
- 植物の成長ホルモンは主に気温変化等の環境刺激で分泌され成長が始まる．
- 特に地下茎をもつ雑草（アシ，スギナ）はアスファルトを突き破る傾向が強い．
- 多年生雑草は，成長に必要な養分を地下茎に蓄えている．

3章　アスファルト舗装

・植物の成長による伸長速さは約0.5 mm/h
・植物のアスファルト舗装突抜け力は，約4.7～9.3 kgf/cm^{2}程度と推定される．

2つ目は，縁石とアスファルト舗装のすき間に上から種子等が入って植物が成長する場合が挙げられます．

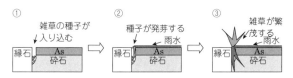

図-3.8.3　飛来した植物の種子が成長する場合

ご質問にあるアスファルト舗装を突き破る植物とは少し異なりますが，アスファルト舗装端部に雑草が生えることがよくあります．発生のメカニズムはアスファルト舗装と縁石，あるいはアスファルト舗装と他の構造物との間にすき間が発生し，ここに飛散してきた植物の種子が入り込み，雨水等水分の供給により発芽・成長するというものです．

3つ目は，2つ目のパターンで成長した植物の根が伸長してアスファルト舗装を下から突き破るパターンです．

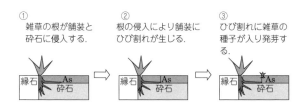

図-3.8.4　飛来して舗装端部で成長した植物が根を伸長して舗装を突き破る場合

これは，2つ目のパターンで成長した植物の根が伸長して舗装を突き破るパターンにまで発展したものです．現象は1つ目のパターンと同じですが，対策としては舗装端部に雑草を生えさせないようにすることになります．

61

3章　アスファルト舗装

3．防草対策の一例

　舗装を突き破るパターンの対策としては，文献3)では，「雑草の発生を完全に防止することは難しいが，忌避剤を混入したアスファルト混合物である程度抑制できる」としています．この内容については，参考文献6)，7)で詳しく紹介されていますのでその概要をご紹介します．

- アスファルト混合物に忌避剤を混入すると防草効果が期待でき，それが長期間持続する．
- アスファルト混合物に忌避剤や除草剤を混入しても混合物性状に影響はほとんどない．
- アスファルトで薬剤がコーティングされるため，このような混合物による農作物への薬害は生じていない．
- アスファルト混合物に忌避剤を入れ，プライムコートに除草剤を入れることで雑草の発生を何もしない場合と比較して25％程度まで抑制することができた．
- さらに路盤上に粒状の除草剤を散布する処置を追加すると供用2年で雑草の発生を何もしない場合と比較して6％程度まで抑制することができた．
- 締固め度の低い路肩ほど，雑草の発生が多く，実測データによれば締固め度98％以上では雑草が発生しにくいことが分かった．

　次にアスファルト舗装と縁石，あるいはアスファルト舗装と他の構造物と

写真-3.8.1　舗装端部の雑草の例

3章　アスファルト舗装

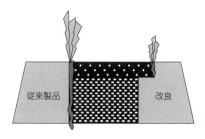

図-3.8.5　改良縁石の模式図

の間にすき間が発生し，ここに飛散してきた植物の種子が入り込み植物が成長する2つ目のパターンを抑制する対策についてご紹介します．これは，参考文献4），8)に述べられています．

・舗装端部の雑草抑制には，目地に抑制材料を注入するタイプ(さらに，注入するタイプにはセメント系材料と瀝青系材料がある)やシート状のものを表面に貼付するタイプなどがある．
・舗装端部は，表面貼付タイプのシートやセメント系雑草抑制目地材よりも瀝青系の雑草抑制目地材の方が効果があるようである．
・舗装と縁石のすき間を浅くすることによって雑草の成長を抑制することもできそうである(**図-3.8.5**)．

ここまでアスファルト舗装の雑草対策について述べてきましたが，道路の植栽帯の雑草対策についても簡単に参考文献9)の概要をご紹介しておきます．

・植栽帯の雑草管理方法には，防草緑化，マルチング，防草シート，除草剤など様々な方法が考えられる．
・これらは除草対象と除草目標を見極めて使うことが大切である．
・筆者は，植栽帯の雑草管理として年2回の草刈管理(人力抜根ならびに肩掛け式刈り払い機による草刈り工)を従来工法として防草緑化，マルチング，防草シート，除草剤などの各種対策工と10年間のトータルコストを比較している．
・この結果，従来の人力抜根よりも管理費がかかるのは，地被による防草緑化のみであった．
・また，チップや除草残材によるマルチングについては，草刈り工(機械除草肩掛け式)よりも安価になった．

(山﨑　泰生・2014年1月号)

3章　アスファルト舗装

〔参 考 文 献〕

1) John D. Ferry(著)，村上謙吉，高橋正夫(翻訳)：高分子の粘弾性，東京化学同人(1964)
2) 阿部頼政：道路技術者のアスファルト講座　第4回　アスファルトの粘弾性，ASPHALT，Vol.17，No.95(1974.2)
3) 達下文一編，川野敏行監：アスファルト舗装を突き破る雑草の対策，舗装技術の質疑応答　第6巻，建設図書(1991)
4) 稲葉敬昭：道路管理の効率化に向けた防草工の比較検討について，国土交通省関東地方整備局，平成24年度スキルアップセミナー関東　一般(くらし・活力)部門(2012.7)
5) 遠藤　靖，小池俊雄：雑草とアスファルト舗装，舗装(1972.2)
6) 熊倉正志，宮　洋光，能谷敏雄：忌避剤あるいは除草剤を混入した舗装，舗装(1988.3)
7) 熊倉正志，宮　洋光，能谷敏雄：忌避剤あるいは除草剤を加熱アスファルト混合物などに混入した防草舗装，道路建設，No.503(1989.12)
8) 奥濱眞功，川間　重：北部国道事務所管内における雑草対策の考え方について，平成23年度国土交通省国土技術研究会，自由課題(一般部門)(2011.11)
9) 的羽正樹：道路除草の抑制技術に関する検討について，平成24年度近畿地方整備局研究発表会論文集　施工・安全管理対策部門，No.6(2012.7)

4章　セメントコンクリート舗装

4-1　早期交通開放型コンクリート舗装

key word　コンクリート舗装，1DAY PAVE，曲げ強度，プレキャストコンクリート版

> **Q**　コンクリート舗装を補修したいのですが，交通規制の関係で何日間も交通を止められません．早期開放型のコンクリート舗装があると聞きましたが，どのような特徴を持つ舗装ですか．

A　コンクリート舗装の施工において交通規制時間を短縮する方法としては，養生期間を短縮できるコンクリートを用いて舗設する方法と，養生期間が必要ないプレキャストコンクリート版舗装による方法があります．

養生期間を短縮することができるコンクリートとしては，超早強セメントを用いたコンクリートがあります．このコンクリートを用いれば，3時間程度の養生時間で交通開放が可能です．しかし養生時間が短いということは，フレッシュコンクリートとしての可使時間も短いということであり，通常は現場においてコンクリートの混合を行わなければならず，あまり大きな面積の施工には適していません．局所的なパッチングやコンクリート版1枚の補修に効果があります．

養生期間を短縮できるコンクリート舗装として最近開発されたのが，1DAY PAVE です．1DAY PAVE の開発コンセプトは，

4章　セメントコンクリート舗装

・特殊なセメントや混和剤を用いずに，早強セメントやAE減水剤など，レディーミクストコンクリート工場が通常持っている材料で製造できる．

・目標養生期間を1日程度とする．

・施工延長として50m程度の区間を前提に，人力により施工する．

・交差点前後，交差点内，既設コンクリート舗装の部分打換えに適用する．

が挙げられ，すでに東京都内の区道や，セメント工場敷地内道路の新設，補修に10か所以上の施工実績があります．これまでの施工実績によれば，養生15時間程度で3.5 N/mm^{2}の曲げ強度が発現しており，養生1日で十分に交通開放が可能です．この1DAY PAVEは，NETISに登録されています．

プレキャストコンクリート版舗装は，工場で作製されたプレキャスコンクリート版を現場まで運搬して舗設するもので，養生期間が必要ないため，夜間施工，翌朝交通開放が可能なコンクリート舗装です．プレキャスト版には，鉄筋を用いたRCプレキャスト版とプレストレストを導入したPCプレキャスト版があります．いずれもプレキャスト版の設置後にグラウトを充填して平たん性を確保します．プレキャストコンクリート版舗装もすでにトンネル内や，交差点内のコンクリート舗装の補修用として実績があります．

（小梁川　雅・2013年12月号）

4-2　コンクリート舗装で，アスファルト中間層や瀝青安定処理路盤上に石粉を塗布する必要性

key word　コンクリート舗装，アスファルト中間層，石粉，付着防止

Q　以前の「セメントコンクリート舗装要綱」には，コンクリート版との付着を軽減させるために，アスファルト中間層や瀝青安定処理路盤の表面には，「石粉を塗布してコンクリート版との付着を軽減させるとよい」とされていました．

しかし，現在の「舗装施工便覧」では，アスファルト中間層表面への石粉の塗布についての記載もなくなり，実際に現場でも石粉を塗布しないことが多くなっています．そこで，石粉塗布の必要性とその理由を教えてください．

4章　セメントコンクリート舗装

A 　「舗装施工便覧」では，以下に示す実態を踏まえ，石粉や路盤紙等に関する記述が削除されました．

①アスファルト中間層上に石粉を塗布したコンクリート版のコアを採取した際，コンクリート版と中間層は付着した状態で縁が切れておらず，付着軽減になっていないことが確認された．

②コンクリート版と中間層が付着した状態でも，コンクリート版に不規則なひび割れが生じていることもなく，特に不具合は見受けられない．

　このように，石粉を塗布することによる付着の軽減が不明瞭であることに加え，コンクリート舗装の作業性(トンネル内での施工が多く作業環境が著しく悪いこと等)も加味され，最近では石粉を塗布せずに施工することが増えているようです．

（五伝木　一・2014年12月号）

〔参考文献〕
1)(社)日本道路協会：セメントコンクリート舗装要綱(1984.2)
2)(社)日本道路協会：舗装施工便覧(平成18年版)(2006.2)

4-3　直轄国道におけるコンクリート舗装の動向

key word　コンクリート舗装，ライフサイクルコスト，シェア，舗装比率

Q 　近年，直轄国道などでコンクリート舗装の積極的採用が進められていますが,そもそもなぜコンクリート舗装は少ないのでしょうか.

A 　**図-4.3.1**にわが国の舗装比率の推移を示します[1]．ご指摘のとおり，1950年には30％程度であったコンクリート舗装のシェアはその後減少し，現在は5％程度となっています．一方，アメリカではインターステート・ハイウエイなどの幹線道路でコンクリート舗装のシェアは13％，コンポジット舗装のシェアは19％となっています[2]．また，フランスの高速道路の15％，イギリスの高速道路の20％がコンクリート舗装であり[2]，世界的にみてもわが国のコンクリート舗装シェアはかなり低いことが分かります．

　図-4.3.1にも示すとおり，第一次道路整備五箇年計画が発足した1954年ご

4章　セメントコンクリート舗装

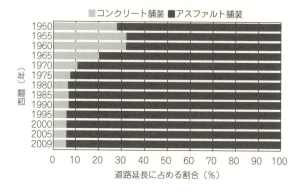

図-4.3.1　わが国の舗装比率の推移

ろにはコンクリート舗装のシェアは30％程度でした．一方で，舗装率は5％程度と低く，経済成長を支えるための社会インフラとして道路整備が急務となり，早急に舗装率を向上させる必要に迫られたことからアスファルト舗装が増えることとなりました．背景としては，経済成長に伴い原油の輸入量が増えアスファルトが大量かつ安価に手に入るようになったことのほか，舗設後ただちに供用できる，維持修繕が比較的容易であるといったことから1964年に国が積極的に簡易舗装の実施を推進する方針（いわゆる「特四舗装事業」）が打ち出されたことで，簡易舗装を含むアスファルト舗装のシェアが急速に増大したことが挙げられます．

このように低迷しているわが国のコンクリート舗装ですが，今後も予想される厳しい財政状況のもと，耐久性が高くライフサイクルコストの縮減が期待できる技術として改めて注目されるようになってきました．コンクリート舗装に対する理解を深めることを目的に，2009年8月に（社）日本道路協会から「コンクリート舗装に関する技術資料」が発刊されました．今年度はコンクリート舗装に関する設計・施工・管理に関する技術的なスタンダードをとりまとめた「コンクリート舗装ガイドブック」が発刊される予定です．発刊後には本誌でも図書の紹介が予定されておりますので，読者の方々にもご購入いただき，コンクリート舗装技術の理解の促進と当該舗装技術の普及につながることを期待しております．

（久保　和幸・2015年12月号）

4章　セメントコンクリート舗装

〔参考文献〕
1）道路統計年報2011，国土交通省
2）コンクリート舗装に関する技術資料，（社）日本道路協会（2009.8）

4-4　供試体寸法の違いによるコンクリートの曲げ強度

key word　コンクリート舗装，強度管理試験，曲げ強度，供試体寸法の違い，割裂引張強度，圧縮強度

> **Q**　コンクリート舗装に用いるコンクリートの曲げ強度試験には，10×10×40cmと15×15×53cmの2種類の寸法がありますが，寸法による強度の違いなどについて教えてください．
> また，品質管理の省力化などを目的とした，曲げ強度試験以外の試験方法があれば教えてください．

A　**1．曲げ強度試験の供試体寸法**
　コンクリート舗装に使用するコンクリートの曲げ強度試験用の供試体の寸法は，JIS A 1132「コンクリートの強度試験用供試体の作り方」に準じて作製する必要があります．JISでは，「供試体は，断面が正方形の角柱体とし，その1辺の長さは，粗骨材の最大寸法の4倍以上[注]，かつ，100mm以上とし，供試体の長さは，断面の1辺の長さの3倍より80mm以上長いものとする」となっています．

　したがって，最大寸法40mmの粗骨材を使用するコンクリートの場合は，一般に15×15×53cmの寸法で供試体を作製し，曲げ試験を行っています．ここで，例えば最大寸法20mmの粗骨材を使用するコンクリートの場合は，前述したJISの供試体寸法の規定を10×10×40cmでも満足することとなりますので，いずれの供試体寸法においても曲げ試験の適用が可能となります．ご質問の内容のとおり，後者の事例の場合は，いずれの供試体寸法においても曲げ試験の適用が可能であることから，供試体の寸法効果による強度の違いが気になるところです．

69

2．曲げ強度試験の寸法効果の確認

15×15×53cm の供試体作製は，型枠も含めると50kg 以上の質量となるため，試験員への負荷の低減や試験の省力化などを目的として，様々な機関で曲げ強度試験の寸法効果の確認等を行っています．以降では，既往の文献に沿って説明します．

野田らの研究[1]では，表-4.4.1に示すようにセメントの種類や粗骨材の最大寸法，混和剤の種類および目標スランプを変化させたコンクリートを使用して，15×15×53cm と10×10×40cm の2種類の供試体寸法で曲げ強度の関係を確認しています．

供試体寸法と曲げ強度の関係は，図-4.4.1に示すように供試体の寸法効果が確認されています．なお，この文献の実験結果は，土木学会式[2]と，ほぼ一致していることも確認されています．

セメント	G_{max}	混和剤	スランプ	供試体寸法
NC	40mm	AE 減水剤	2.5cm	15 × 15 × 53cm
HC	20mm	高性能 AE	8.0cm	10 × 10 × 40cm
BB		減水剤		

表-4.4.1 試験の要因と水準[1]

＊NC：普通ポルトランドセメント
　HC：早強ポルトランドセメント
　BB：高炉セメント B 種

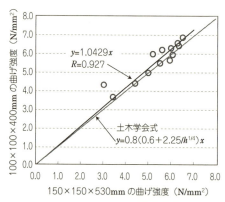

図-4.4.1 供試体寸法と曲げ強度の関係[1]

3．曲げ強度試験以外の試験方法

曲げ強度試験以外の試験方法については，施工規模等に応じた柔軟な対応や試験の省力化を目的とした管理試験方法として，割裂引張強度や圧縮強度

4章 セメントコンクリート舗装

による管理試験が提唱されています.

例えば,日本道路協会図書[3)]では,舗装用コンクリートの曲げ強度と割裂引張強度および曲げ強度の関係を示しています(**表-4.4.2**).

表-4.4.2 舗装用コンクリートの曲げ試験とその他の強度との関係[3)]

曲げ強度 MPa	換算式 (注)	3.5	4.0	4.4	4.8	5.0	5.3
割裂引張強度 ϕ 12.5cm MPa	$f_t = (f_b/2.21)^{1.4}$	1.9	2.3	2.6	3	3.1	3.4
圧縮強度 MPa	$f_c = (f_b/0.42)^{1.3}$	24	29	34	39	41	45
JIS A 5308 における呼び強度		24	30	36	40	−	−

[注]強度換算式は旧建設省土木研究所および(社)セメント協会の研究成果にもとづくものである.また,f_b,f_t および f_c は,それぞれ曲げ強度,割裂引張強度,圧縮強度を示す.

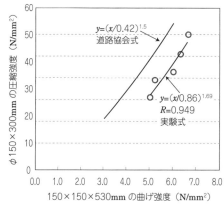

図-4.4.2 曲げ強度と圧縮強度の関係
($15\times15\times53$cm と $\phi15\times30$cm)

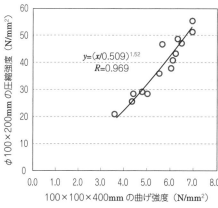

図-4.4.3 曲げ強度と圧縮強度の関係
($10\times10\times40$cm と $\phi10\times20$cm)

4章　セメントコンクリート舗装

次に，前述した野田らの研究[1]では，曲げ強度と圧縮強度の関係について，2条件($15 \times 15 \times 53cm$ と $\phi 15 \times 30cm$，$10 \times 10 \times 40cm$ と $\phi 10 \times 20cm$)で，その関係性を確認しています(**図-4.4.2，3**)．

以上のように，曲げ強度と割裂引張強度や圧縮強度は，いずれも強い相関が認められていることから，曲げ試験の代替の管理試験として採用可能であるといえるでしょう．

しかし，コンクリート舗装の強度管理試験は，あくまでも曲げ試験が基準となっていますので，代替試験の採用にあたっては，例えば簡易な施工箇所や舗装計画交通量の少ない箇所など，施工規模に応じた柔軟な対応を図る場合などの活用が挙げられるでしょう．また，適用にあたっては配合設計時に曲げ強度と各種の強度との相関性を確認しておくとよいでしょう．

（五伝木　一・2015年12月号）

〔参 考 文 献〕
1）野田潤一，小梁川雅，梶尾　聡，高尾　昇：舗装用コンクリートの強度に関する一検討，第64回セメント技術大会講演要旨，pp.84〜85(2010.5)
2）(社)土木学会：2007年制定 舗装標準示方書，p.33(2007.3)
3）(社)日本道路協会：舗装設計施工指針(平成18年版)，pp.269〜270(2006.2)

4-5　欧州におけるコンクリート舗装の設計方法と施工方法

key word　コンクリート舗装，カタログによる設計，欧州の設計法，VENCON，理論解析

Q　欧州のコンクリート舗装の設計法や施工法は，わが国と同じなのでしょうか．

A　欧州各国における設計法や施工法の詳細は，言語の問題もあり，すべてが紹介されているわけではありません．しかし，アメリカ FHWA (Federal Highway Administration)がヨーロッパ数か国およびカナダに調査団を派遣して，各国のコンクリート舗装の現状，設計法，施工法，材料，維持管理などを調査した結果を2007年に報告しています．この報告書を(一社)セメント協会舗装技術専門委員会が翻訳したものが同協会の web ページ[1]にて公開されていますので，詳しくはこちらを参照されるとよいでしょう．

4章 セメントコンクリート舗装

コンクリート舗装の設計方法は，カタログによる方法と理論解析による方法に大別されます．上記報告書によると，ドイツ，オーストリア，ベルギーなどはカタログによる設計法を採用しています．カタログによる設計法では，交通量や路盤または路床条件および環境条件によってコンクリート版厚や路盤厚が定められており，設計者は条件に応じた舗装断面を選択します．この方法はわが国でも採用されており，「舗装の構造に関する技術基準」別表2[2]がこれにあたります．

一方，オランダでは理論解析による設計法が採用されています．この設計法では「VENCON」という設計ソフトが用いられており，設計者が設計条件を入力すると設計結果が自動計算されます．この設計法では，コンクリート版に作用する応力として軸荷重応力と温度応力を考慮し，これらの応力の繰返しによる疲労破壊に対して設計を行います．応力の算定式や疲労寿命の式は異なりますが，わが国で用いられている理論的設計法[3]と同じ設計体系です．

以上のように，欧州では国によって設計法が異なっており，ここで紹介されている国以外の設計方法についても，今後のわが国の設計方法の見直しの参考とするべく，調査する必要があります．

次に施工方法ですが，上記報告書によれば欧州ではスリップフォーム工法が主流を占めているようです．ドイツやオーストリアのように wet on wet（下層コンクリートがフレッシュの状態で上層コンクリートを打ち継ぐ）による2層施工が基本となっている国もあります．このような工法では，2台のスリップフォームペーバを用いたり，1台で2層施工ができるタイプのスリップフォームペーバが用いられているようです．またタイバーやダウエルバーは，わが国のように路盤上にあらかじめ設置しておくのではなく，敷きならしたフレッシュコンクリートに機械により挿入する方法が用いられています．

さてこの報告書に示された各国の現状から，わが国でも今後積極的に考慮すべき事柄が浮かび上がってきます．詳しくは公開されている翻訳に，「日本において検討が推奨される項目」として記載されていますが，そのいくつかを紹介すると次のようになります．

（1）LCCを効果的に考慮するための設計寿命の長期化

4章　セメントコンクリート舗装

（2）鉄網の廃止

（3）施工結果によるボーナスとペナルティーの導入

（4）低品質材料の有効利用と路面性能向上のための2層施工の導入

（小梁川　雅・2016年1月号）

〔参考文献〕
1）http://www.jcassoc.or.jp/tokusetsu/fhwa_houkokusho/llcp_chapter1.html
2）(社)日本道路協会：舗装の構造に関する技術基準・同解説(2001)
3）(社)日本道路協会：舗装設計便覧(2006)

5章　路床・路盤

5-1　軟弱な路床土の CBR 試験

key word　路床，CBR 試験，設計 CBR，一軸圧縮強さ，コーン指数

> **Q**　軟弱な路床土の CBR 試験用供試体を作製する場合，突固め試験方法ではランマがめり込んでしまい，上手に供試体を作製することができません．このような状態でも CBR 試験を行ってもよいのでしょうか．

A　突固め作業時に試料にランマがめり込んでしまい，上手に供試体を作製できない場合は，大半が CBR 2％未満の軟弱な路床土と思われます．このような試料は乱した場合に著しく CBR 値が低下する場合が多く，2 層目や 3 層目の突固め作業時にランマが 1 層目付近までめり込んでしまうこともあります．

しかし，路床土の設計 CBR を求めるためにやむを得ず CBR 試験を行い，路床の設計を行っている場合もあるかと思います．

参考文献 1）によると，「CBR が 2％より小さい軟弱土にも CBR 試験を適用してその結果を設計に用いる場合が時々見られるが，軟弱な土であればあるほど機械誤差や個人差が結果に影響しやすい．したがって，CBR が 2％以下の場合にはコーン指数試験方法などの他の試験方法によって評価するとよい．また，礫分が分離しやすい材料は試験結果がばらつきやすく，CBR

5章 路床・路盤

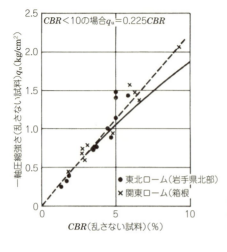

図-5.1.1
CBR と q_u の関係
(土質工学会土質試験法)

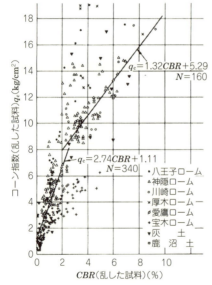

図-5.1.2
コーン指数 q_c と CBR の関係
(火山灰質粘性土)

が5〜10%程度変動してしまうことがある」との記述があります.

ここで,参考文献2)に示されているように,コーン指数q_cの数値を用いて CBR 値を関係式(図-5.1.2)から推定して求めることは設計上の安全性を考慮すると好ましくないと思われます.それは,q_cと CBR の関係式があら

5章　路床・路盤

ゆる土質種類や礫分の含有率等を加味したものではないため，あくまでも
CBR値の推定に用いることが妥当と思われます．

　以上のことから，ご質問のケースでは，路床土の設計を行うための CBR
試験であれば，乱さない試料採取方法(モールド圧入)等によりCBR 試験を
行うことが妥当と思われます．

（世紀東急工業㈱　関　伸明・2014年12月号）

〔参 考 文 献〕
1）(社)地盤工学会：土質試験の方法と解説 第一回改訂版，p.282(2003.4)
2）舗装技術の質疑応答 第5巻，pp.22～23，建設図書(1987.12)

5-2 路上路盤再生工法における瀝青材添加量の算出式

key word 　路上路盤再生工法，路上再生セメント・瀝青安定処理工法，フォームドア
　　　　　スファルト，アスファルト乳剤

> **Q** 　路上路盤再生工法のセメント・瀝青安定処理工法では，瀝青系材
> 料（石油アスファルト乳剤，フォームドアスファルト）の添加量を算
> 出式により求めていますが，その根拠などについて教えてください．

　A 　路上路盤再生工法は，「舗装再生便覧」の中で「原位置での舗装再
生工法」の1つとして示されています．路上において既設アスファル
ト混合物層を原位置でディープスタビライザにより破砕し，同時にセメント
や瀝青材料などとともに既設路盤材料を混合，転圧して，新たに安定処理路
盤を構築する舗装再生工法です．

　この舗装再生工法には，瀝青材料に石油アスファルト乳剤を使用する路上
再生セメント・アスファルト乳剤安定処理工法と，フォームドアスファルト
を使用する路上再生セメント・フォームドアスファルト安定処理工法があり
ます．

　ご質問は，この工法における瀝青材料の添加量を算出する式の根拠につい
てですので，以下にご説明いたします．

　まず，アスファルト乳剤量とフォームドアスファルト量の算出式は，それ

77

5章 路床・路盤

それ式(1)，式(2)で表されます．

【設計アスファルト乳剤量】

$$P = 0.04a + 0.07b + 0.12c - 0.013d \quad \cdots\cdots\cdots\cdots\cdots\cdots\cdots\cdots\cdots (1)$$

P ：混合物全量に対するアスファルト乳剤の質量百分率(%)

a ：使用する路上再生路盤材料中の2.36mm ふるいに残留する部分の質量百分率(%)

b ：2.36mm ふるいを通過し，75μmふるいに残留する部分の質量百分率(%)

c ：75μmふるいを通過する部分の質量百分率(%)

d ：既設アスファルト混合物の混入率(%)

【設計(フォームド)アスファルト量】

$$P = 0.03a + 0.05b + 0.2c \quad \cdots\cdots\cdots\cdots\cdots\cdots\cdots\cdots\cdots\cdots\cdots (2)$$

P ：混合物全量に対するフォームドアスファルトの質量百分率(%)

a ：使用する路盤材中の2.36mm ふるいに残留する部分の質量百分率(%)

b ：2.36mm ふるいを通過し，75μm ふるいに残留する部分の質量百分率(%)

c ：75μmふるいを通過する部分の質量百分率(%)

※設計アスファルト量が3.5%に満たない場合は3.5%を，5.5%を超える場合は5.5%を設計量とする．

　路盤材料には一般的には粒度調整砕石が用いられ，その多くは 0 ～40mm の粒度範囲です．ここで，例えば同じ密度で粒子径が 2 mm の骨材と0.2mm の骨材を同一質量で比較すると，粒子径が細かいもののほうがより多くの粒

5章　路床・路盤

子数となり，表面積が大きくなります．表面積が大きくなるとそれを均一に
覆うために瀝青材料を多く必要とします．そのため，式(1)，式(2)のように，
粒径に応じて必要とする瀝青材料の量を決定する係数が，室内における検討
結果等も踏まえて定められました．

なお，アスファルト乳剤では既設のアスファルト混合物の割合が多くなる
と，残留したアスファルトの影響により，アスファルト乳剤がダレるなどの
悪影響が現れます．そのため，この式では既設アスファルト混合物の混入率
が多くなるとアスファルト乳剤量を減ずるようになっています．

なお，フォームドアスファルトについては，既設アスファルトの影響を受
けにくいため，このような措置をとっていません[1]．

代表として乳剤について根拠となる研究結果を挙げますと，当時の(社)日
本アスファルト乳剤協会の技術委員会の中で，昭和50年代に配合設計方法に
ついて様々な検討がなされています．詳しくは参考文献をご参照ください[2,3]．

この研究成果や全国における供用性調査による妥当性の確認を受けて，昭
和62年に「路上再生路盤工法技術指針(案)」が(社)日本道路協会から発刊さ
れ，今日の「舗装再生便覧」に至っています．

(森端　洋行・2015年12月号)

〔参考文献〕
1）CFA工法(セメント・フォームドアスファルト安定処理)技術資料，CFA工法技術研究会(2009.7)
2）(社)日本アスファルト乳剤協会技術委員会：セメント・アスファルト乳剤混合物の配合設計に関
　する研究報告，あすふぁるとにゅうざい，No.82(1985.9)
3）(社)日本アスファルト乳剤協会技術委員会第3次セメ・アス分科会：セメント・アスファルト乳
　剤混合物の配合設計方法(その二)，あすふぁるとにゅうざい，No.85(1986.6)

6章　環境対応技術

6-1　再生できないアスファルト舗装

key word　アスファルト舗装，アスファルト塊，リサイクル，再資源化率，建設副産物，
3R，再生骨材

> **Q**　アスファルト舗装はリサイクルの優等生と言われていますが，
> 100%はリサイクルされていないと聞きました．リサイクルできない
> アスファルト舗装があるのでしょうか．

A　**1．背　　景**

　ご質問のとおり，アスファルト・コンクリート塊（以下，アスコン塊）
はリサイクルの優等生と言われており，その再資源化率は99.5%に達してい
ます[1]．しかし，0.5%が最終処分として処理されているのも事実です．それ
はアスコン塊にリサイクルすることができないものが混入していることなど
があるためです．以下では，様々な身の回りのもののリサイクル率，アスコ
ン塊を含む建設副産物のリサイクルの現状，アスコン塊のリサイクルに関す
るこれまでの取組み，リサイクルできないアスコン塊の例などを紹介します．

　まずはじめに身の回りの品々のリサイクル率を建設産業廃棄物（以下，建
設副産物）と比較してみます[2]．**図-6.1.1**に品目別リサイクル率を示します．
よく新聞回収などをしている古紙でも63.7%，リサイクルされていると思わ

80

6章　環境対応技術

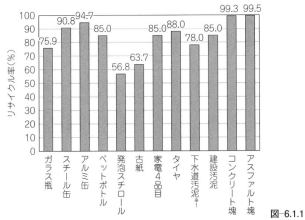

図-6.1.1　品目別リサイクル率（2012年）
※1：2011年度

れるガラス瓶で75.9%、アルミ缶で94.7%となっています。それに比して、アスファルト塊は99.5%となっていることが『リサイクルの優等生』と言われている理由です。

　それは、これまでに、（公社）日本道路協会を中心として業界が取り組んできたためといえます。昭和40年代からアスファルト舗装のリサイクルへの基礎研究が始まり、昭和48年（1973年）に起こったオイルショックと時期を同じくして再生骨材入りのアスファルトプラントが完成・運転を開始しています[3]。現地の流れを受けて、昭和59年に同協会から「舗装廃材再生利用技術指針（案）」が刊行されています。その後、「プラント再生舗装技術指針（案）」、「路上再生工法技術指針（案）」などによって、日本における舗装発生材の利用が促進されてきました。さらに、平成13年の「舗装の構造に関する技術基準」の通達を背景として、上記指針類の見直しを図り、平成16年に「舗装再生便覧」を発刊、平成22年には改訂版を刊行しています。このように、（公社）日本道路協会が中心となり、産官学が一体となって進めてきた結果が現在の高いリサイクル率の背景となっています。

　さらには、国土交通省が中心となって法律の面からもリサイクルの促進を行っています。それは、天然資源が極めて少ないわが国が持続可能な発展を続けていくためには、3R（リデュース、リユース、リサイクル）の取組みを充実させ、廃棄物などの循環資源が有効に利用・適正処分される「循環型社

81

6章　環境対応技術

会」を構築していく必要があるためです.

　特に，建設副産物としての発生量が多いアスコン塊やコンクリート塊については，再生資源の利用の促進に関する法律(平成3年制定，平成12年に「資源の有効な利用の促進に関する法律」へ改正)の趣旨を踏まえ，平成3年から建設省(現，国土交通省)直轄工事において「リサイクル原則化ルール」の運用が開始されています.

　また，平成12年には，循環型社会形成推進基本法が公布され，3R，熱回収，適正処理の優先順位が明確にされるとともに，「建設工事に係る資材の再資源化等に関する法律(以下，建設リサイクル法)」によって，完全施行の平成14年度以降にはアスファルト・コンクリート，コンクリート，木材を対象とする特定建設資材廃棄物の分別解体，再資源化が義務づけられています[1].

2．舗装に用いられる再生骨材

　「舗装再生便覧」には，プラント再生舗装工法に用いる素材として，アスファルトコンクリート再生骨材とセメントコンクリート再生骨材が示されています. いずれの再生骨材も，発生材を破砕，分級したものであり，アスファルトコンクリート再生骨材は，再生加熱アスファルト混合物，再生加熱アスファルト安定処理路盤材料および再生路盤材料の素材として，セメントコンクリート再生骨材は，再生路盤材料の素材として使用されます.

3．再生骨材の現状

　「平成24年度建設副産物実態調査結果」によると，建設副産物の再資源化率は，平成7年度以降上昇傾向にあり，特にアスコン塊とコンクリート塊は，平成12年度以降高い再資源化率を保っています. また，**図-6.1.2**に示すようにアスコン塊の再資源化率は99.5%，コンクリート塊の再資源化率は99.3%といずれも高い数字となっています[4].

　ここで，再資源化施設に持ち込まれたものの，最終処分(図中の⑥)となったものが，ご質問の舗装に再生できない発生材に該当します. 具体的には，タイルや陶磁器類，石膏ボード類，木材，プラスチック片，金属などの異物の混入により，再生骨材の品質を満足できないものです. 代表的なものとしては，コンクリート橋の床版防水層に用いられる防水材やクラック防止シー

6章　環境対応技術

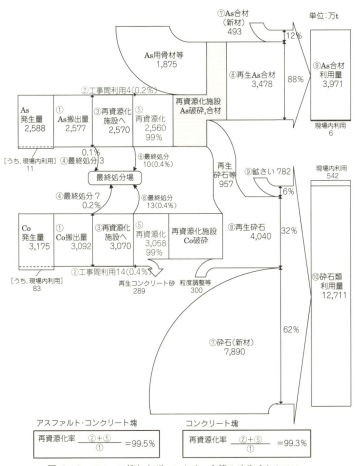

図-6.1.2　アスコン塊およびコンクリート塊のリサイクルフロー

写真-6.1.1　防水材が付着したアスコン塊

写真-6.1.2　鋼性繊維が混入されているコンクリート塊

6章　環境対応技術

トが付着したアスコン塊（**写真-6.1.1**），ゴム骨材などの弾性体が混入されているアスコン塊，SFRC舗装などの鋼性繊維が混入しているコンクリート塊（**写真-6.1.2**）があります．

　これらの技術は，インフラの長寿命化に有益な技術ではありますが，循環型社会を構築していくためには，再資源化が可能な材料への転換や設計および補修断面の検討，分離して切削するなどの補修方法の検討が必要と考えられます．

（村上　浩・2014年12月号）

〔参考文献〕
1）国土交通省：建設リサイクル推進計画2014
2）（一社）産業環境管理協会 資源・リサイクル促進センター HP，
　http://www.cjc.or.jp/center/index.html（2014年11月時点）
3）（株）NIPPO HP，日本のみちづくりとNIPPO，
　http://www.nippo-c.co.jp/machidukuri/history/index.html
　（2014年11月時点）
4）国土交通省：平成24年度建設副産物実態調査

6-2　保水性舗装で考えられるデメリット

key word　保水性舗装，デメリット，耐久性，路面凍結，耐水性，湿度の上昇

> **Q**　保水性舗装は，舗装内に水を保持し，この保持した水が蒸発する際の潜熱移動で路面温度を低下させますが，以下のような水を保持することのデメリットについて検討された事例はあるのでしょうか．
> ①保持された水分が舗装の耐久性に与える影響
> ②冬季における路面凍結のリスク
> ③蒸発した水分による湿度の上昇など

A　保水性舗装は，**表-6.2.1**[1]に示すように，"アスファルト舗装系保水性舗装（以下，アスファルト舗装系）"，"コンクリート舗装系保水性舗装"および"ブロック舗装系保水性舗装"の3種類に大別されます．

　このうち，コンクリート舗装系保水性舗装とブロック舗装系保水性舗装については，舗装体内に保持した水分が耐久性に与える影響は少ないと考えら

84

6章　環境対応技術

	名称	概要	表-6.2.1
保水性舗装の種類	アスファルト舗装系	開粒度アスファルト混合物層の空隙に吸水・保水能力のある材料を充填したもの.	保水性舗装の種類[1]
	コンクリート舗装系	ポーラスコンクリートに吸水・保水能力のある材料を練混ぜ, あるいは充填したもの.	
	ブロック舗装系	吸水・保水能力を備えた舗装用ブロックを用いたもので, 主として歩行者系舗装に適用される.	

れますので, 質問の①は"アスファルト舗装系"の耐水性に関することとして回答します. また, 質問の②, ③については, 保水性舗装の種類にかかわらない共通の事項として回答します.

1．保持された水分が舗装の耐久性に与える影響

一般的にアスファルト舗装は, 高温かつ滞水している状態で交通荷重などの外力が繰り返し作用した場合, アスファルトが骨材から剥離することがあります. アスファルト舗装系は, 路面温度が高い夏季に, 舗装体内に常に水分を保持している状態にありますので, アスファルトが剥離しやすい条件下にあるといえます.

アスファルト舗装系の耐水性に関して検討した事例は見当たりませんでしたが, 参考文献1)には, アスファルト舗装系の開粒度混合物のバインダにはポリマー改質アスファルトを使用することが必要であることが記載されており, アスファルト舗装系を車道に適用する場合にはバインダにポリマー改質アスファルトH型を, 歩道に適用する場合にはポリマー改質アスファルトⅡ型を用いることが推奨されています.

このことから, アスファルト舗装系は, 路面温度が高い夏季に, 舗装体内に常に水分を保持している状態にありますが, その耐水性は一般のアスファルト舗装と同程度であると考えられます.

2．冬季における路面凍結のリスク

冬季における保水性舗装の路面凍結のしやすさを確認するために, 冬季の夜間に気温および密粒度舗装と保水性舗装の路面温度を測定した結果を図-6.2.1[2]に示します.

6章　環境対応技術

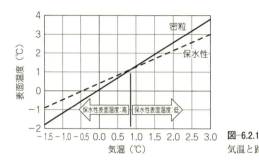

図-6.2.1
気温と路面温度の測定結果の例[2]

　図から，保水性舗装の表面温度は，気温が0.9～-1.5℃の範囲で密粒度舗装に比べ高くなっていることが分かります．これは，保水性舗装は比熱の大きな水を保持しているため，密粒度舗装と比較して周囲の温度変化の影響を受けにくくなっているためと考えられます[3), 4)]．

　このことからも保水性舗装は，一般的な密粒度舗装に比べて，路面凍結しやすいということはないと考えられます．

3．蒸発した水分による湿度の上昇

　保水性舗装は，舗装体内の水分の蒸発により舗装の温度を低下させます．そのため，夏季日中の保水性舗装の直上の湿度は，一般的なアスファルト舗装に比べ若干，高くなるようです．

　参考文献5）では，保水性舗装に散水した場合の相対湿度は，散水しない場合に比べ1～2％増加すると報告されていますが，この増加量は体感上，蒸し暑さを感じるほどの増加量ではないと考察されています．

（加納　孝志・2015年12月号）

〔参 考 文 献〕
1) 路面温度上昇抑制舗装研究会：【保水性舗装】技術資料（2011.7）
2) 反町紘透，中野正啓，佐藤育正：凍結抑制剤散布装置の保水性舗装への適用，第10回北陸道路舗装会議 技術報文集，pp.258～261（2006.6）
3) 小作好明，廣島　実：保水性舗装の比熱・熱伝導率・放湿性の測定，平成17年東京都土木技術年報，p.20（2005.9）
4) 丸善（株）：理科年表（2014.11）
5) 小作好明，鶴田隆生，宇野久実子：保水性舗装に散水した場合の気温・湿度への効果，平成20年東京都土木技術センター年報，pp.141～152（2008.10）

7章　維持修繕

7-1　舗装における予防保全

key word　予防保全，PMS，メンテナンスサイクル，PDCAサイクル，シール材注入工法，データベース

> Q　笹子トンネルの事故以降，予防保全の重要性が叫ばれています．舗装分野においては予防保全はどのように考えられていますか．

　わが国の道路施設の多くは，戦後に本格的な整備が始まり，高度経済成長期を経て順次ストックとして蓄積され，その機能を発揮してきたところです．国・地方ともに厳しい財政状況にある中，舗装を含めたこれら道路施設の補修や更新に的確な対応をしていくことが求められています．

　2013年6月には，社会資本整備審議会道路分科会道路メンテナンス技術小委員会において，緊急的な課題として，点検，診断，修繕等の措置や長寿命化計画等の充実を含む維持管理の業務サイクルの構築について，中間とりまとめがなされました．その中でも，維持管理の基本的な考え方として，上記の業務サイクルを通して予防的な保全を進めるメンテナンスサイクル(**図-7.1.1**)の構築を図るべきとされています．

　舗装分野においては，従来からPMS(舗装マネジメントシステム)の構築が幹線道路を中心に各道路管理者により進められています．図から分かるよ

7章　維持修繕

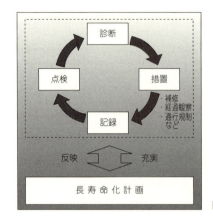

図-7.1.1　メンテナンスサイクル

うに，対象とする道路施設がある限り，メンテナンスサイクルに終わりはありません．舗装の長寿命化をより一層進めるためには，予防保全を含めた維持修繕の効果検証および維持修繕の計画についてそれをフィードバックする取組みの強化が求められると考えられます．

　舗装分野における予防保全の具体的な措置は，ひび割れに対するシール材注入工法や表面処理工法，わだち掘れに対する切削工法（こぶ取り）などが挙げられます．国土交通省では，舗装修繕に要する費用を縮減することを目的に，従来は維持工事とされてきたシール材注入工法や切削工法を舗装の延命を図る予防的修繕工法として位置付け，舗装の維持修繕費用の更なる縮減を図ろうとしています[1]．この取組みにおける密粒度舗装の予防的修繕工法の選定目安を図-7.1.2に示します．なお，同図の数値はあくまで修繕工法としての工法選定の目安の参考値とされています．従来から維持工法として日常的に実施されてきたものを否定するものではなく，維持工事は従来どおり行うべきものであること，また，舗装の破損の形態は様々であり，実際の工法選定にあたっては現場における技術的な判断が重要であることに留意が必要です．

　このほかの予防保全の具体的な措置としては，近年では，薄層オーバーレイに関する技術開発も進められています．コンクリート舗装では，ひび割れの生じたコンクリート版を鉄筋等で再連結するバーステッチ工法も挙げられます．また，舗装は表層（表基層）と路盤で構成されていることを踏まえると，

7章 維持修繕

わだち掘れ量 / ひび割れ率	0 mm以上 10 mm未満	10 mm以上 20 mm未満	20 mm以上 30 mm未満	30 mm以上 35 mm未満	35 mm以上 40 mm未満	40 mm以上
0%以上 10%未満				切削工法 ②		
10%以上 20%未満						
20%以上 30%未満						
30%以上 35%未満		シール材注入工法 ③	シール材注入工法＋切削工法 ④			
35%以上 40%未満						
40%以上	修繕工法適用区間（切削オーバーレイ等）①					

□ 修繕候補区間　　┆ ┆ 予防的修繕工法適用区間

図-7.1.2　密粒度舗装における工法選定の目安

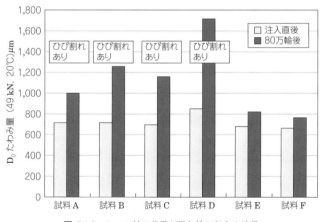

図-7.1.3　シール材の差異が耐久性に与える結果

切削オーバーレイも舗装を路盤から打ち換える（再構築する）必要が生じる損傷に進展する前の予防保全といえなくもありません．

大事な視点は，ライフサイクルを見据えて効果的，効率的な措置（予防保全）となっているか，という点に尽きると思います．舗装は，路面の機能的な健全性と舗装全体の構造的な健全性の両面を考える必要があります．路面が利用者に提供すべきサービス水準（走行速度，わだち掘れや平たん性等）を満足するうちに，構造的な健全性が今後どのように低下していくのかを想定しな

7章　維持修繕

がら，より適切な時期に適切な措置を行うことが求められる，と言い換える
ことができるでしょう．

　しかしながら，道路の役割や性格，舗装の構造や補修履歴，その損傷形態
も様々ですので，最適な予防保全の実施戦略は簡単に整理できるものでは
ありません．試行錯誤を繰り返しながら，どの舗装の状態ではどのような措
置が効果的であったか，といった事後評価の知見の蓄積，情報交換を図り，
PDCA（Plan-Do-Check-Act）のサイクルを回していくことが求められると思
います．

　研究分野においても，従来では日常管理の一貫として実施され，どちらか
といえば軽視されてきた維持的工法について関心が高まっています．（独）土
木研究所ではシール材注入工法に着目し，各種のシール材や施工工法を対象
に舗装走行実験場で耐久性確認試験を行い，その結果を報告[2]しています．
例えば，**図-7.1.3**は，シール材の種類を変えて耐久性確認試験を行った結果
で，シール材注入直後と80万輪（49 kN換算）走行後のFWDたわみ量とひび
割れ発生の有無を示したものです．これらの結果より，**表-7.1.1**に示すシー
ル材の品質規格（案）の提案を行い，これを参考に現場での実績や地域特性を
踏まえたうえでシール材を選定することが望まれること，亀甲状ひび割れに
至る前にシール材注入工法を適用した方がよいこと，シール材注入工法の実
施にあたっては，施工前に清掃またはプライマの塗布を行った方がよいこと

表-7.1.1　提案されたシール材の品質規格（案）

項目	規格値	試験方法	規格値根拠
針入度 （円すい針 25℃）	9 mm 以下	舗装調査・試験法便覧 A102	高弾性目地材社内規格を参考
軟化点	80℃以下	舗装調査・試験法便覧 A042	クラックシール専用材社内規格 を参考
弾性復元率（球針）	30%以下	舗装調査・試験法便覧 A102	高弾性目地材社内規格を参考
流動（60℃，5 h）	3 mm 以下	舗装調査・試験法便覧 A102	同上
フラース脆化点	−12℃以下	舗装調査・試験法便覧 A053	室内試験結果を参考
剥がれ疲労抵抗性	10,000 回以下	同便覧本文 2.2 室内試 験⑧参照	同上
割れ抵抗性	0℃以下	同上⑨参照	同上
注入推奨温度	試験表に付記	舗装調査・試験法便覧 D012T	―
加熱上限温度	試験表に付記	―	―

7章　維持修繕

を明らかにしています．今後は，様々な環境下にある実道での効果検証が求められることでしょう．

そこで重要な役割を果たすのがデータベースです．直轄国道では，路面性状調査のデータはもちろん，舗装構成や補修履歴，地域条件，沿道条件，車道構成等のデータが一元管理されるようデータベースが構築されています．都道府県レベルでも同様にそれぞれデータベースの構築が進められています．舗装に関するデータベース整備は，補修戦略の立案や見直しに大変役立つものです．規模の小さな自治体でもそれぞれの舗装管理実態に合わせてできるところからデータが格納できるような標準データベースの整備が期待されるところでしょう．

なお，(公社)日本道路協会から，本年11月に「舗装の維持修繕ガイドブック2013」が発刊されました．舗装マネジメントへの取組み手法や，現場における損傷の診断・工法選定といった具体的な取組み手法がとりまとめられた図書となります．舗装の維持修繕にあたり，政策決定者から実務担当者に至るまで参考となる図書と思われます．

((独)土木研究所　渡邉　一弘・2013年12月号)

〔参考文献〕
1) 国土交通省道路局国道・防災課：直轄国道の舗装における「予防的修繕」工法の導入について，道路，第786号，pp.36〜39(2006)
2) 寺田　剛，渡邉一弘，久保和幸：ひび割れ注入材の品質規格(案)の提案，第12回北陸道路舗装会議，A-2 (2012)

7-2　舗装のポンピング現象

key word　ポンピング，剥離，ひび割れ，界面，エロージョン

Q　最近，橋の上の路面に白いものが出ていたりするのを目にしますが，これは何ですか．

A　「路面に出ている白いもの」ということから推定すると，ポンピングという舗装の損傷のことだと考えられます．

橋梁箇所で発生したポンピングの事例を**写真-7.2.1**に示しますが，ポンピ

7章　維持修繕

写真-7.2.1　橋梁部でのポンピングの例

写真-7.2.2　コンクリート舗装でのポンピングの例

ングは橋梁だけに限らず土工部やコンクリート舗装箇所でも発生します．

　このようなポンピングの発生原因として様々な要因が考えられますが，代表的な損傷事例を以下に示します．

　①アスファルト舗装の表層にひび割れが発生し，下層の基層との界面などが剥離を生じ，細粒分が噴出する場合
　②ポーラスアスファルト混合物を表層に使用している箇所で，基層混合物の耐水性が低下し，剥離が生じている場合(**写真-7.2.1**)
　③コンクリート舗装箇所で，路肩アスファルト舗装との縦目地シーリング材が欠損し，そこから雨水が浸入し路盤材がエロージョンされ，土砂が噴出する場合(**写真-7.2.2**)

　いずれにせよ，路面にポンピングが発生した場合は，舗装の損傷が進行しているサインですので，早めにコア採取や開削調査などを行い，基層や路盤の状況を目視で確認したり，コアの強度確認を行うなど，損傷箇所および原因を推定しなければなりません．

　そのうえで，適切な工法・材料で維持工事や補修工事を計画していくことが，損傷を進行させないためにも重要なことです．

（佐藤　正和・2014年12月号）

7章 維持修繕

7-3 リフレクションクラックの発生要因

key word　リフレクションクラック，コンクリート舗装，オーバーレイ，セメント安定処理路盤，クラック抑制シート，開粒度アスファルト混合物

Q 温暖地域のアスファルト舗装に発生する規則的な横断ひび割れの原因は何でしょうか．

A 　温暖地域でアスファルト舗装に発生する規則的な横断ひび割れで代表的なものは，コンクリート舗装の上にアスファルト舗装をオーバーレイした場合に，コンクリート舗装の目地直上に発生するリフレクションクラックです．ひび割れの間隔は，コンクリート版の目地の間隔と同じになるため，5～10m程度になります．

発生する原因としては，以下に示すことが考えられます．

①コンクリート版が温度変化により膨張収縮し，目地部で水平方向の変位が繰り返される．

②交通荷重により，目地直上のアスファルト舗装に曲げおよびせん断作用が繰り返される．

このリフレクションクラックを防止することは難しく，抑制工法として以下に示す方法が「道路維持修繕要綱」に記載されています．

①クラック抑制シートを用いる．

②開粒度アスファルト混合物を基層に設ける．

本書でも，たびたび議論されていますが，防止するためには，アスファルト舗装厚が15cm程度あれば問題ないようです．

ただし，オーバーレイ層として15cmを設けることは難しいため，防止するのではなく，発生するひび割れを誘導目地に集中させる手法が効果的であるとも言われています．

次に考えられるものとしては，上層路盤にセメント安定処理を行ったケースです．セメント安定処理路盤では，セメントの硬化収縮により，アスファルト舗装の表面に規則的な横断方向のひび割れが発生する場合があります．アスファルト舗装の厚さが薄いときに多く見られ，施工時期が猛暑期で含水

7章　維持修繕

写真-7.3.1　コンポジット舗装のリフレクションクラック

写真-7.3.2　セメント安定処理による収縮ひび割れ

管理が難しいときにも発生しやすくなります．

対策としては，以下のことが考えられます．

①一軸圧縮強さおよび等値換算係数を下げて(セメント量を減らして)適用する．

②セメント安定処理より応力緩和性状が高い，瀝青・セメント安定処理を適用する．

（平岡　富雄・2014年12月号）

7-4　国内におけるマイクロサーフェシング工法の動向

key word　マイクロサーフェシング，スラリー，アスファルト乳剤，明色化，長寿命化

Q　マイクロサーフェシング工法は海外での施工実績が多くあるようですが，日本での現状はいかがでしょうか．また，本工法の課題や最近の新しい技術にはどのようなものがありますか．

A　マイクロサーフェシング工法とは，7号砕石とスクリーニングスを骨材とし，急硬性のアスファルト乳剤とセメントや水などを混合して製造するスラリー状の混合物です．混合から敷きならしまでを1台の専用ペーバで施工します．このため施工速度が速く，敷きならし後30分程度で交通開放できます．

7章　維持修繕

　工法の詳細については,「舗装技術の質疑応答」第7巻(上) 6-2に説明がありますのでそちらを参照してください.
　マイクロサーフェシング工法について，世界でどの程度施工されているかについて, IBEF(International Bitumen Emulsion Federation:世界アスファルト乳剤連盟)の統計資料を基に説明します．全世界における2013年度の道路用アスファルト乳剤の製造量は767万 t(日本は19万 t)です[1]．この内訳は，図-7.4.1に示すように，表面処理が全体の約60%であり，マイクロサーフェシング工法はこれに続き約20%を占めています[2].

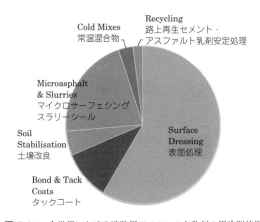

図-7.4.1　全世界における道路用アスファルト乳剤の用途別使用割合

　これを厚さ7 mm のマイクロサーフェシングで施工したと試算すると，約10億m²と膨大な数字になります．
　アメリカや欧米などでは，マイクロサーフェシング工法の最大の特長である「施工が速く，1日で大面積を施工できる」というメリットを活かした大規模面積の工事が多いため，マイクロサーフェシング工法が広く普及していると考えられます．
　日本でも10年ほど前までは，本州四国連絡橋における鋼床版舗装の長寿命化対策[3]や，明色のマイクロサーフェシング工法によるトンネル内舗装の明色化[4]などが行われていました．
　しかしながら，日本の舗装補修工事は，交通量の多い中を規制して，日々開放するという条件が多く，マイクロサーフェシング工法の特長を活かしき

7章 維持修繕

写真-7.4.1　生活道路における小規模補修

写真-7.4.2　橋面舗装における予防的維持

れていないことが施工実績の増えない要因となっています．

しかし，近年はアスファルト乳剤を用いたモルタル混合物により，生活道路などの劣化した舗装の面荒れ改善や，空港舗装や橋面舗装の予防的維持などに活用する技術も開発されていますので，補修の規模や内容など状況に応じて，加熱アスファルト混合物と使い分けていただければと思います．

（森端　洋行・2015年12月号）

〔参考文献〕
1），2）IBEFホームページ（http://www.ibef.net/en/）
3）徳永剛平，川西芳則：マイクロサーフェシング工法による鋼床版舗装長寿命化対策とその追跡調査，土木学会第59回年次学術講演会(2004.9)
4）井上淳也：明色型常温薄層舗装（明色マイクログリップ），平成17年度中国地方建設技術開発交流会(2005)

7-5　既設舗装とオーバーレイ層との接着性

key word　層間接着力，アスコン層の最小厚，層間すべり，タイヤ付着抑制乳剤

> **Q**　N_6 交通程度のアスファルト舗装を改良するにあたり，既設の路面より高さを 13cm 上げる必要があることが分かりました．切削せずに既設路面にタックコートを散布してオーバーレイ 13cm を舗設しようと思いますが，既設路面との接着に問題はないでしょうか．こぶ取りのように少し削ったほうが接着性が増すと考えられますが……．なお，既設路面は，破損もなくきれいで，道路の区画線も残っています．

7章　維持修繕

現在，アスファルト舗装の構造設計方法には，ほとんどの場合 T_A 法が採用されています．T_A 法は舗装を構成する各層の厚さに，表・基層用アスコン層に換算する等値換算係数を乗じて，その合計厚により設計する方法であり，プライムコートやタックコートを前提としているものの，層間の接着力の強弱については検討を求めていません．一方，理論的設計法を用いる場合は，設計要素として層間のすべりが加味されますが，すべりはないものと仮定する場合がほとんどで，層間の位置と接着力の強弱を実際の設計に反映させるには，接着力が温度の影響を受けることもあり，まだデータが十分とはいえない現状にあります．

舗装上に輪荷重を載荷した場合，舗装体にはせん断力応力が発生し，深さ方向に**図**-7.5.1のように分布します．粒状材で構成される路盤は噛み合わせでしかこれに耐えられないため，発生するせん断応力はアスファルトで結合されたアスコン層で対応する必要があります．そこで，最大せん断応力が20％にまで減少する深さまでを表・基層用アスコン層で構成するための最小厚が**表**-7.5.1のように示されてきました．この最小厚内にある層間は両層が荷重に対して一体となる程度に接着している必要があると考えられます．

一方，既設路面にタックコートを施しオーバーレイしたアスファルト舗装が，

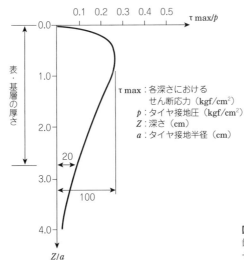

図-7.5.1
舗装上の輪荷重による舗装体内のせん断応力の分布

7章　維持修繕

交通量の区分	表層＋基層の最小厚さ
N_4	5 cm
N_5	10cm
N_6	15cm
N_7	20cm

表-7.5.1
表層＋基層の最小厚さ

坂路部や交差点部で剥離したり，層間すべりによると見られるコルゲーションを生じる場合があります．原因は設計上あるいは施工上の問題で交通条件に対する層間接着力が不足したことによるものです．オーバーレイを採用する場合の特別な対策検討の要否は上記最小厚を目安に判断するほか，当該箇所の既設舗装が大きな問題を生じていなかったとすれば，従前のアスコン層の厚さ以下の深さに層間（界面）ができるか否かで判断するべきと考えられます．

以上のことから，ご質問の N_6 交通で13cmという事例では既設舗装との接着力に十分配慮する必要があると考えられます．接着力については確かに既設路面を少し削ったほうが一般的には高くなると考えられますが，既設舗装のアスファルトの劣化が進んでいる場合は逆に悪影響を生じる場合も考えられます．これらを解決する方法として，既設舗装の上面付近をアスファルトが劣化しない程度に加熱してほぐし，一体化する工法があります．また材料面からタックコートに接着力を強化した改質乳剤，散布後の分解が速い乳剤，あるいは合材ダンプのタイヤへの付着剥離が抑制される乳剤等を施工条件に応じて採用する方法があります．なお，区画線等の異物は接着を阻害する要因となりますので，事前に削り取るなどして除去してください．

（光谷　修平・2015年12月号）

8章 再生舗装

8-1 ポーラスアスファルト舗装の今後の動向

key word ポーラスアスファルト舗装，ポーラスアスファルト舗装発生材，再生骨材，再生骨材の付着，再生骨材率，分別貯蔵

Q ポーラスアスファルト舗装は，今後増え続けるのでしょうか．増えるようであれば，特殊なバインダ等が影響し，再生骨材としての利用が困難となるのでしょうか．また，ポーラスアスファルト舗装発生材を使用した再生混合物の事例や技術的な課題について教えてください．

A 1．ポーラスアスファルト舗装と再生合材の推移

　ポーラスアスファルト舗装は，**図-8.1.1**に示すように平成の初頭から施工され始め，その後，施工面積が着実に増え，これらのストックが維持修繕の時期を迎えているといえます．

　一方で，アスファルト・コンクリート塊のリサイクル率は，**図-8.1.2**に示すように年々増加の一途をたどり最近では99％以上に達しています．次に，**図-8.1.3**に示すように，全合材製造量に占める再生合材の割合は年々増加し，最近では75％を超えています．また，ポーラスアスファルト合材の製造量は，ここ数年で全合材製造量の4％前後で推移していることが分かります．

　このように，最近では都市部の幹線道路や高速道路等で広く活用されてい

99

8章 再生舗装

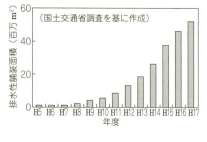

図-8.1.1
直轄国道における
ポーラスアスファルト舗装の
経年変化[1]

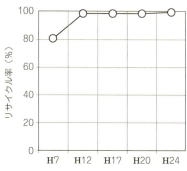

図-8.1.2
アスファルト・コンクリート塊の
リサイクル率の経年変化[2]

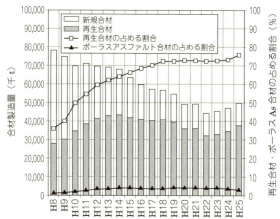

図-8.1.3
合材製造量の推移[3]

るポーラスアスファルト舗装のストックは増加傾向にあるものの，その一方で再生合材の活用も増加傾向にあり，資源の枯渇化や再生資源の有効利用等の社会的な背景も考慮すると，ポーラスアスファルト舗装の普及のいかんにかかわらず，今後も再生合材の活用は増加することが予測され，ポーラスア

100

8章 再生舗装

スファルト舗装発生材による再生骨材も活用されていくものと推測されます.

このような社会的な背景から,ポーラスアスファルト舗装発生材を破砕,分級したアスファルトコンクリート再生骨材を使用した再生アスファルト混合物の適用性に関しては,様々な機関で実用化に向けた研究を行っています.

2.ポーラスアスファルト舗装発生材(再生骨材)の現状と課題

ポーラスアスファルト混合物は,粘性の高い改質アスファルトの使用に加え,骨材の配合も従来の密粒系の混合物とは異なるという性状を有しているため,再生利用するにあたっては,**表-8.1.1**[1]に示す課題が挙げられます.

特に,ポーラスアスファルト混合物を再生する場合には,従来の密粒系混合物に比べ,発生形態は修繕工事等の際に一時期にまとまった量が搬入されることが多く,そのほとんどは切削材であり,切削速度等によって粒度が変動しやすいなど,バインダ特有の性状に加え取扱いには注意が必要となります.

さらに,ポーラスアスファルト混合物を再生する場合は,バインダ特有の性状によりドライヤ内部への再生骨材の付着や,ストックヤード保管時の再

表-8.1.1 ポーラスアスファルト混合物の再生への課題[1]

項目		ポーラスアスファルト混合物の再生で懸念される点	従来の密粒系アスファルト混合物の再生
発生材	発生形態	・切削材として搬入 ・一時期にまとまって搬入	・アスファルト・コンクリート塊が主で切削材もあり ・不特定箇所から連続的に搬入
	性状	・開粒度 ・切削速度等により粒度が変動 ・再生骨材中の旧アスファルト針入度の評価妥当性が不明	・切削材は,一般の再生骨材より粒度が細かい ・搬入地域の平均的な再生骨材中の粒度・アスファルト量・針入度が把握可能 ・再生骨材中の旧アスファルトは抽出して確認可
配合設計	粒度	・粒度の変動が大きく,発生材の粒度を現場ごとに調査して配合設計が必要	・再生骨材の粒度は管理データで可 ・切削材は定量使用で配合することで対応可
	基準	・適切な評価指標が未確立 ・再生用添加剤等の材料や性状等の基準なし	・舗装再生便覧に従う (再生用添加剤や混合物性状等の基準有り)
製造・施工	製造	・再生骨材単独で加熱する場合,温度が上がりにくい ・ドライヤへのアスファルトモルタル付着の懸念 ・再生骨材の加熱温度の目標値が未確立 ・専用のストックヤードやコールドビンが必要	・再生専用の装置有り ・切削材は別計量等で対応
	施工	・一般の施工機械で施工可能か不明 ・すりつけ等の手引きの施工性が不明	・施工機械は新規混合物と同じ
耐久性・供用性		・重交通道路での供用性や長期の耐久性が不明 ・再生骨材配合率の限界が不明	・再生骨材配合率の多少によらず,新規混合物と同等

101

8 章　再 生 舗 装

固着等（団粒化）も懸念されます.

　このように，ポーラスアスファルト舗装発生材（再生骨材）は，密粒系の再生骨材とは異なる性状を有していることから，専用のストックヤードやコールドビンの使用が望ましいといえます.

3．ポーラスアスファルト舗装発生材を使用した再生混合物の適用事例[1]

　ここでは，直轄国道でポーラスアスファルト舗装発生材を使用した試験施工の事例について，紹介させていただきます.

1）再生密粒系混合物への適用事例

　ポーラスアスファルト混合物の再生骨材を使用した再生密粒系混合物は，**表-8.1.2**に示す配合で行っています. その結果，実道における耐流動性や施工直後の路面性状は，新規混合物と同等であることが確認されています（**図-8.1.4～6**）. また，再生密粒系混合物の製造は，再生骨材率50％の際に粒度のばらつきが見られたものの，施工性に関しては新規混合物と同等であり，通常の機械編成で施工可能であることが確認されており，供用6か月の調査においても比較対象である新規混合物と，再生密粒系混合物に大きな差異は認められていないようです.

表-8.1.2　再生密粒系混合物の配合

工区	項目	再生骨材配合率（%）	再生用添加剤 種類	再生用添加剤 添加量(%)対旧As量	新As種類	新As量（%）	最適再生As量（%）
8号白根	比較工区	0	–	–	ストアス60〜80＋改質剤(4.0%)[注]	5.50	5.5
	R30%,針入度40	30	オイル系	4	ストアス60〜80＋改質剤(2.0%)	3.46	5.2
	R30%,針入度50			8	ストアス60〜80＋改質剤(2.0%)	3.41	5.2
	R30%,針入度60			11	ストアス60〜80＋改質剤(2.5%)	3.33	5.2
3号山鹿	比較工区	0			改質Ⅱ型	4.80	4.8
	R20%	20	オイル系	20	改質Ⅱ型	3.70	5.1
	R30%	30				3.14	5.1
	R50%	50				2.00	5.1

注）表中の改質剤とは，プラントミックスタイプの熱可塑性エラストマーである.（　）内は新アスファルト（ストアス60〜80に対する添加量を示している）

102

8章 再生舗装

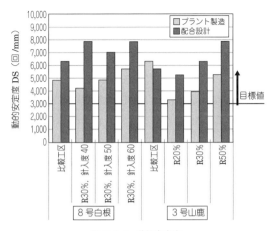

図-8.1.4 動的安定度

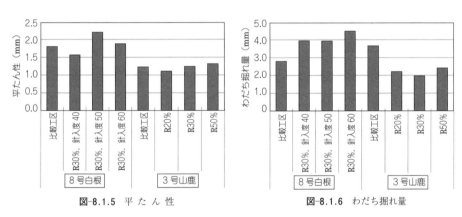

図-8.1.5 平たん性　　　　　　　　図-8.1.6 わだち掘れ量

2）再生ポーラスアスファルト混合物への適用事例

　ポーラスアスファルト混合物の再生骨材を使用した再生ポーラスアスファルト混合物は，**表-8.1.3**に示す配合で行っています．その結果，再生骨材率50％の配合は，実機練りの混合物でカンタブロ損失率が25％を超えているものの，他の性状はおおむね新規混合物と同等であることが確認されています（**図-8.1.7〜11**）．また，再生ポーラスアスファルト混合物の製造は，再生骨材を160℃以上に加熱可能な併設加熱混合方式の再生プラントを使用することで，新規混合物と同等の混合温度を確保することが可能であり，施工性に関しても温度管理をしっかりと行うことで，新規混合物と同等の施工性が確

103

8章 再生舗装

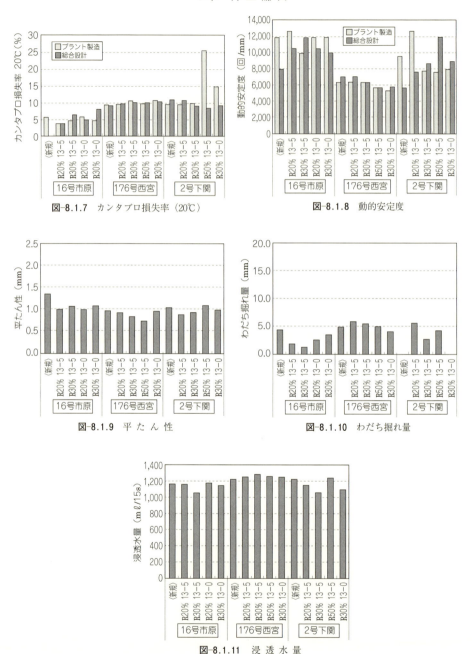

図-8.1.7 カンタブロ損失率（20℃）

図-8.1.8 動的安定度

図-8.1.9 平たん性

図-8.1.10 わだち掘れ量

図-8.1.11 浸透水量

8章　再生舗装

表-8.1.3 再生ポーラスアスファルト混合物の配合

工区	項目	再生骨材配合率(%)	旧As量	再生用添加剤 種類	添加剤量(対旧As%)	改質剤量(対全As%)	新As種類	新As量(%)	最適再生As量(%)
16号市原	比較工区	0	–	–	–	–	高粘度改質As	4.70	4.7
	R20%, 13-5	20	0.71					4.29	5.0
	R20%, 13-0	20	1.06	–	–	–	再生用As(改質剤入り)	3.94	5.0
	R30%, 13-5	30	0.91					4.19	5.1
	R30%, 13-0	30	1.37					3.73	5.1
176号西宮	比較工区	0	–	–	–	–		5.00	5.0
	R20%, 13-5	20	0.70	オイル系(改質系入り)	3.0			4.48	5.2
	R30%, 13-5	30	1.06		8.9	–		3.95	5.1
	R30%, 13-0	30	1.50		18.2			3.22	5.0
	R50%, 13-5	50	1.74		15.0		高粘度改質As	3.19	5.2
2号下関	比較工区	0	–	–	–	–		4.90	4.9
	R20%, 13-5	20	0.55	オイル系+改質剤	10.0			4.12	4.8
	R30%, 13-5	30	0.81		20.0	3.0		3.72	4.8
	R30%, 13-0	30	1.19		20.0			3.30	4.8
	R50%, 13-5	50	1.38		25.0			3.01	4.8

認されています．供用性に関しても，前述した再生密粒系混合物と同様に供用6か月の時点で新規混合物と顕著な差異は認められていないようです．

　以上の検討結果から，ポーラスアスファルト混合物を用いた再生混合物の適用は，再生骨材率30％程度であれば，密粒系の再生混合物や再生ポーラスアスファルト混合物として適用可能であるといえます．なお，直轄国道の試験施工の供用性については，3年経過した時点においても，再生骨材率が30％であれば耐久性に関して問題はないと報告されています．

4．ポーラスアスファルト舗装発生材を使用した再生混合物の課題[1]

　ポーラスアスファルト混合物を使用した再生混合物の課題としては，以下の事項が挙げられます．

1）発生材の採取と貯蔵

ⅰ）切削機や切削速度によって，発生材の粒度が変動するので，試料採取条件の検討が必要となる．

ⅱ）施工法によっては，基層と表層(ポーラスアスファルト舗装)の2層切削を行う場合もあるので，その際の再生方法も考慮する必要がある．

ⅲ）特殊なバインダを使用しているという観点から，一般的な再生骨材と分別して貯蔵することが望ましいが，分別貯蔵するスペースの確保が困難である．

105

8章 再生舗装

2）混合物の製造

ⅰ）再生骨材温度を160℃程度に加熱可能なプラントを選定する．

ⅱ）連続出荷した際のドライヤ内部への，再生骨材の付着の有無の確認および付着防止対策が必要である．

ⅲ）実情を踏まえた再生骨材率(例えば50％)とした場合の混合物性状の品質確認が必要である．

3）施工性・供用性

ⅰ）高混入率とした場合の施工性の確認

ⅱ）長期供用性の確認

　以上のように現状では，30％の再生骨材率であれば，ポーラスアスファルト舗装発生材の適用は可能であるといえますが，今後は再生骨材率を高めた場合の検討[4]や，再々生化に関する技術開発も待ち望まれるところでしょう．

(五伝木　一・2015年12月号)

〔参考文献〕
1）(社)日本道路協会舗装委員会環境再生利用小委員会：排水性舗装発生材の再生利用技術確立に向けた直轄国道試験施工の中間報告(2006.3)
2）(一社)日本道路建設業協会：道路建設業中期ビジョン(2015)
3）(一財)日本アスファルト合材協会：アスファルト合材統計年表(平成8年度～平成25年度)
4）東　滋夫，坂本康文，田中敏弘，大井　明，神谷恵三：基層改善も考慮した高機能舗装の再生技術の開発，土木学会舗装工学論文集第15巻，pp.97～105(2010.12)

8-2　再生工法における26.5mm骨材の取扱い

key word 最大粒径，路上再生セメント安定処理路盤，路上再生セメント・アスファルト乳剤処理路盤，一軸圧縮試験

> **Q**　「舗装再生便覧」(平成22年版)の "付録-7～9" に記載されているそれぞれの路上路盤再生工法の配合設計例について教えてください．
> 　「舗装再生便覧」では，配合設計時にそれぞれの再生工法で既設粒状路盤材料の最大粒径が26.5mm以上の骨材の取扱いが異なっていますが，26.5mm以上の骨材を処理した後の粒度の計算方法などが具体的に示されていません．それぞれの工法で，どのように計算すればよいのか教えてください．

8 章　再 生 舗 装

A　ご質問のとおり，安定処理材として"セメントのみ"を使用する
か，"セメントと瀝青系の材料"を使用するかによって，最大粒径が
26.5mm 以上の骨材の取扱いと試験方法が異なります．

これは，路上路盤再生工法の配合設計においては，直径が約100mm の円
柱状の供試体を使用しますが，供試体の直径は使用する骨材の４倍以上が望
ましいとされているため[1]，配合設計時には，ふるい目の寸法が26.5mm 以
上の骨材を置換もしくは取り除くこととされているからです．

以下では，「舗装再生便覧」(平成22年版)の「付録−7 路上再生セメント安定処
理路盤材料の配合設計方法」と 「付録−8 路上再生セメント・アスファルト
乳剤安定処理路盤材料の配合設計方法」を参考に説明します．

(1)路上再生セメント安定処理路盤材料

"路上再生セメント安定処理路盤材料"の配合設計では，26.5mm以上の
骨材を「26.5mm のふるいを通過し，19.0mm のふるいにとどまる骨材」と
「19.0mm のふるいを通過し，13.2mm のふるいにとどまる骨材」に置換し
ます．以下に，「舗装再生便覧」(平成22年版)の付表-7.1[2]に記載されている
数値を用いて具体的な置換の計算手順を示します．

"既設粒状路盤材料の粒度"の欄(**表-8.2.1**[2]参照)を見ると，26.5mm のふ
るいにとどまる骨材の質量百分率は，「100−92.0=8.0％」であることが分か
ります．この「8％」を「26.5〜19.0mm」と「19.0〜13.2mm」の質量の比率に
応じて案分します．

表-8.2.1　骨材の粒度（舗装再生便覧 付表 -7.1[2]）

	ふるい目	既設粒状路盤材料の粒度	(26.5mm以上置換)	既設アスファルト混合物の見掛けの骨材粒度	(26.5mm以上置換)	合成粒度	試験粒度(26.5mm以上置換)	粒度範囲
通過質量百分率（％）	53.0mm							100
	37.5mm	100		100		100		95 〜 100
	31.5mm	98.0		85.0		95.1		
	26.5mm	92.0	100	75.0	100	88.3	100	
	19.0mm	85.0	90.1	65.0	80.0	80.6	87.9	50 〜 100
	13.2mm	73.0	73.0	50.0	50.0	67.9	67.9	
	4.75mm	49.0	49.0	25.0	25.0	43.7	43.7	
	2.36mm	30.0	30.1	15.0	15.1	26.7	26.7	20 〜 60
	75μm	7.0	7.0	0.0	0.0	5.5	5.5	0 〜 15

備考　〔1〕路上再生路盤用骨材の PI……NP
　　　〔2〕骨材配合率　既設粒状路盤材料………78％
　　　　　　　　　　　既設アスファルト混合物…22％

8章 再生舗装

それぞれの粒径の骨材の質量百分率は,

a) 26.5mm ふるいを通過し, 19.0mm ふるいに残留する骨材の割合:「92% − 85% = 7%」

b) 19.0mm ふるいを通過し, 13.2mm ふるいに残留する骨材の割合:「85% − 73% = 12%」

となり, 上記の

a) に案分する比率は, $7 \div (7+12) \times 100 = 36.8\%$,

b) に案分する割合は, $12 \div (7+12) \times 100 = 63.2\%$, となります.

したがって, 19.0mm と26.5mm のふるい目の通過質量百分率は, 以下のようになります(**図-8.2.1**).

・26.5mm の通過質量百分率

　$90.1\% + 7.0\% + (8\% \times 0.368) = 97.1 + 2.9 = 100\%$

・19.0mm の通過質量百分率

　$85.0\% + (8\% \times 0.632) = 85.0 + 5.1 = 90.1\%$

以上の手順で計算した粒度について, 適当と予想されるセメント量(通常4%程度)を加えたもので,「舗装調査・試験法便覧」[3]の「E011 安定処理混合物の突固め試験方法」に従って, 最適含水比を求めます.

次に得られた最適含水比で, セメント量を変化させ, 一軸圧縮試験用供試体を作製し, 同便覧「E013 安定処理混合物の一軸圧縮試験方法」を実施し

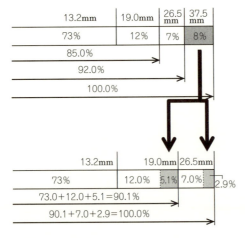

図-8.2.1
最大粒径 26.5mm 以上の骨材の置換概念

8章 再生舗装

ます．

(2) 路上再生セメント・アスファルト乳剤安定処理路盤材料

"路上再生セメント・アスファルト乳剤安定処理路盤材料"の配合設計では，26.5mm以上の骨材を取り除き，残りの26.5mmふるいを通過する骨材の通過質量百分率を再計算します．

「舗装再生便覧」(平成22年版)の付表-8.1を**表-8.2.2**として示します．**表-8.2.2**の"既設粒状路盤材料の粒度"の欄を見ると，26.5mmふるいを通過する骨材は93.2％となっています．この93.2％が100％となるように計算（＝93.2％/0.932）し，同様にそれぞれのふるい目の通過質量百分率も"0.932"で除して，通過質量百分率を修正します（**図-8.2.2**）．

表-8.2.2 骨材の粒度(舗装再生便覧 付表-8.1[2])

ふるい目	既設粒状路盤材料の粒度	既設アスファルト混合物の見掛けの骨材粒度		合成粒度	試験粒度	粒度範囲
			(26.5mm以上カット)		(26.5mm以上カット)	
53.0mm						100
37.5mm	100		100		100	95～100
31.5mm	99.5		85.0		95.4	
26.5mm	93.2	100	75.0	100	88.1	100
19.0mm	68.0	73.0	65.0	86.7	67.2	76.9	50～100
13.2mm	52.0	55.8	50.0	66.7	51.4	58.9	
4.75mm	38.3	41.1	25.0	33.3	34.6	38.9	
2.36mm	34.0	36.5	15.0	20.0	28.7	31.9	20～60
75μm	6.9	7.4	0.0	0.0	5.0	5.3	0～15

通過質量百分率（％）

備考 〔1〕路上再生路盤用骨材のPI……NP
〔2〕骨材配合割合　既設粒状路盤材料………72％
　　　　　　　　　既設アスファルト混合物…28％

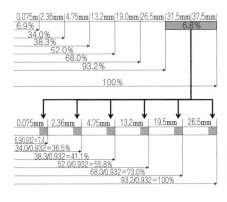

図-8.2.2
最大粒径26.5mm以上の骨材カットの概念

109

8章　再生舗装

また，アスファルト乳剤量は以下の式で求めます．

$$P = 0.04\,a + 0.07\,b + 0.12\,c - 0.013\,d$$

ここに，

P：混合物全量に対する石油アスファルト乳剤の質量百分率（%）

a：使用する路上再生路盤材料中の2.36mm ふるいに残留する部分の質量百分率（%）

b：2.36mm ふるいを通過し，75μm ふるいに残留する部分の質量百分率（%）

c：75μm ふるいを通過する部分の質量百分率（%）

d：既設アスファルト混合物の混入率（%）

以上の手順で計算した粒度とアスファルト乳剤量について，適当と予想されるセメント量（通常2.5%程度）で「舗装調査・試験法便覧」の「B001マーシャル安定度試験方法」[3]に従い，含水比を変化させ，突固め回数両面各50回で供試体の高さが68.0±1.3cm になるように突き固め，最適含水比を求めます．

その後，得られた最適含水比でセメント量を変化させ，同便覧「E032 路上再生セメント・瀝青安定処理路盤材料の一軸圧縮試験方法」[1]を実施します．

（大成ロテック（株）　平川　一成・2015年12月号）

〔参考文献〕
1）(社)日本道路協会：舗装調査・試験法便覧 第4分冊，p.29，31，69(2007.6)
2）(社)日本道路協会：舗装再生便覧(平成22年版) p.215，221(2010.11)
3）(社)日本道路協会：舗装調査・試験法便覧 第3分冊，p.5(2007.6)

9章　各種の舗装

9-1　再帰性反射とは

key word　再帰性反射，鏡面反射，拡散反射，視認性，安全設備

> **Q**　最近，各種の道路資材で再帰性反射という言葉をよく聞きます．どういった光の反射を指し，今までの反射とどのように異なるのでしょうか．

A　再帰性反射とは，通常の反射とは異なり，光が入射した方向に反射し戻っていく反射をいいます．道路の分野では，この光が戻っていくという性質を利用して，ドライバーの視認性を高めることを目的とした安全設備などに活用されています．

1．反射のメカニズム

光の反射には，鏡面反射（正反射），拡散反射（乱反射），再帰性反射の3種類が存在します．以下，これらの反射について簡単に説明します．

1）鏡面反射

鏡面反射は，その字のとおり鏡などに見られる完全な光の反射であり，図-9.1.1に示すように光の入射角と反射角が反射面に対して同一になる反射をいいます．

111

9章　各種の舗装

図-9.1.1　鏡面反射

2）拡散反射

　拡散反射(**図**-**9.1.2**)は，反射面に微細な凹凸を設けることで様々な方向に光が反射しているように見える反射をいいます．ツヤ消し材と呼ばれる塗料はこの現象を利用したものとなっています．

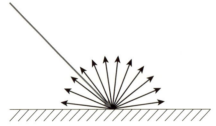

図-9.1.2　拡散反射

3）再帰性反射

　ご質問にある再帰性反射とは，鏡面反射でも拡散反射でもなく，反射面に入射した光が入射してきた方向に戻っていくという特殊な反射(**図**-**9.1.3**)をいいます．これは，**図**-**9.1.4**に示すような，ガラスビーズまたはプリズム型の構造といった特殊な材料が反射面の表面にあることによって実現します．
　例えば舗装工事などの安全対策には，従来から蛍光塗料を施した反射材料が活用されています．再帰性反射と蛍光塗料の違いは，再帰性反射はヘッドライト等の光源の光をドライバー方向に反射して明るく見せますが，蛍光塗料は光源の光を拡散反射して明るく見せています．一方，夜光塗料といわれる材料もあり，これは昼間に紫外線や蛍光灯の光を吸収することで蓄光した光を燐光という形で発光し続けるため，直接的には光源が必要ないという利点があります．

9章　各種の舗装

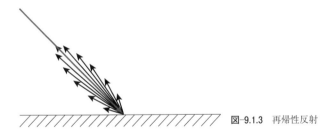
図-9.1.3　再帰性反射

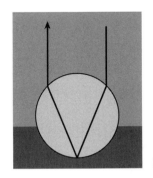
図-9.1.4　ガラスビーズを用いた再帰性反射

2．再帰性反射の用途

再帰性反射は入射光が入射方向にそのまま帰っていくため，街灯の光や他の車のライトでは光っているようには見えませんが，車を運転しているドライバーからはヘッドライトの光がドライバーを目掛けて反射するのでよく光っているように見えます．そのため，ドライバーへの注意喚起としてとても有効であり，現在様々な箇所で使用されています．その用途として道路で代表的なものは道路標識(**写真-9.1.1**)，安全チョッキ(**写真-9.1.2**)，路面標示材料です．一般使用で代表的なものは自転車反射板，映画やプロジェクターのスクリーンなどです．

また，最近の新たな用途として，塗料型再帰性反射材も使用されており，構造物ではガードレールやポールコーン(**写真-9.1.3**)，車止めブロック，道路路面では自転車専用道等に適用された事例もあります(**写真-9.1.4**)．

さらに貼り付ける再帰性反射材として，トラックの荷台にテープ型および塗料型の再帰性反射材を貼付，または塗布して注意喚起を促しているという

9章　各種の舗装

写真-9.1.1　道路標識[1]

写真-9.1.2　安全チョッキ[2]

写真-9.1.3　ポールコーン[3]

9章　各種の舗装

写真-9.1.4　再帰性水性塗料[4]

写真-9.1.5　再帰性反射テープ[5]

使用方法もあります(**写真-9.1.5**).

　ご紹介したように,再帰性反射を利用した安全資材は身の回りに多く存在していますので,探してみてはいかがでしょうか.

(東亜道路工業(株)　梅森　悟史・2013年12月号)

[参考文献]
1) 光和産業(株),反射式標識
2) (株)フジワーク,Night Knight
3) 積水樹脂(株),ポールコーンNFタイプ
4) 新井篤洋,大谷　健,多田悟士:光の再帰性を有する自転車通行帯用カラー舗装材の検討　第29回日本道路会議論文集(2011)
5) 住友3M(株),ダイヤモンドグレード　コンスピキュイティ反射シート

9章　各種の舗装

9-2　エポキシアスファルト混合物使用時の留意点

key word　エポキシアスファルト，主剤・硬化剤，可使時間，硬化時間，樹脂添加量，振動タイヤローラ

> **Q** アスファルト舗装の長期耐久性を高めるため，エポキシアスファルト混合物を使用する場合，どのような点に留意したらよいでしょうか．

A エポキシアスファルト（以下，エポアス）の研究開発は1970年代から始められ[1),2)]，耐久性に優れていることから，重交通道路や橋面舗装，工場内などのコンテナヤード，あるいは明色バインダを用いてバスレーンや駐車場，トンネル内舗装に適用されています．また，排水性舗装用のバインダとしても用いられており，これについては参考文献3）の9-2　排水性エポキシアスファルトに詳しく述べられていますので，そちらを参照してください．

エポアスは，主剤と硬化剤から成る二液混合タイプのエポキシ樹脂をアスファルト（ベースアスファルト）に添加したものです[4)]．橋面舗装への適用にあたっては，本州四国連絡橋　橋面舗装基準（案）[5)]に熱硬化性アスファルトとして，エポアスの規格，エポアス混合物の基準値が示されています．

エポアス混合物の最大の特徴は，可使（施工可能）時間と硬化時間にあるといえるでしょう．可使時間については，参考文献6）の8-7　熱硬化性アスファルト混合物の可使時間を参照してください．可使時間を確保するための研究開発が進み，現在ではエポアス混合物の製造から3時間以上のものが主流のようです．

一方，硬化時間は養生温度によって異なり，一般に温度が高いほど早く進みます[7)]．参考文献3），6）にも養生温度を変えて養生日数とマーシャル安定度や動的安定度を示した図が掲載されていますが，エポアス混合物の最終強度を確認するには，60℃で7日間程度養生しています[8),9)]．**図-9.2.1**は，茨城県の構内の屋上にエポアス混合物を11月末から暴露し，養生1日後から360日後までのホイールトラッキング試験を実施した結果を示したものです[10)]．1～7日までは，動的安定度が3,000～4,000回/mm，45日後に31,500

116

9章　各種の舗装

回/mm，120日以降に63,000回/mm に達しています．近年では，エポアス混合物の強度発現を早める改良がなされ，供試体作製後，3時間程度で動的安定度が3,000回/mm 以上を示すものが開発されています[11]．エポアス混合物の交通開放は，通常の混合物と同様，表面温度が50℃程度になれば可能であるとしているものが一般的です[6]．

エポキシ樹脂は，従来液状のものを使用していましたが，固形化したもの[12]もあります．また，エポキシ樹脂の投入をベースアスファルト投入後に行うこととしている事例[13]もあり，ウェットミキシング時間も通常の1.5倍程度にしています．供試体等の作製は，運搬時間等も考慮し，20分から1.5時間程度混合温度で乾燥炉において養生してから実施しています[7),14)]．このとき，劣化が促進しないように，アルミホイル等で試料を覆うことが必要です．

エポキシ樹脂の添加量は，使用するエポキシ樹脂等のタイプによって，ベースアスファルト量に対し，これまで15～40％[9),15)]程度添加しています．

粒度は，細粒，密粒，**SMA**，排水性，**SHRP**[16]と多岐にわたっており，用途に応じて選定します．また，耐久性をさらに高めるため，繊維を添加している事例もあります[7),10)]．ベースアスファルトには，ストレートアスファルトのほかに，ポリマー改質アスファルト[17]も使用されています．

施工は，一般の混合物と同様であるとされていますが，水平振動ローラ[13]や振動タイヤローラ[14]を使用する場合もあり，入念な転圧を行い，十分に締め固めることが必要です．また，エポキシ樹脂は水が混入すると硬化が阻害されるため，ローラ転圧時の付着防止には，専用の付着防止剤を使用し，水の散布は必要最小限にすることとされています[13]．

以上，エポアス混合物についての留意事項を述べましたが，一般にエポアス混合物は高価なものとして認知されています．しかしながら，ライフサイ

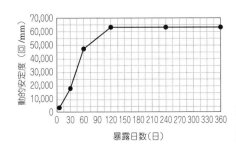

図-9.2.1
屋外での暴露日数と
動的安定度の関係[10]

117

9章　各種の舗装

クルコストを試算した結果から，エポアス混合物の優位性を報告[8), 18)]したものもあり，今後の更なる進展が期待され，性能を十分に発揮させるためには，製造から運搬，施工，交通開放に至るまで適正な温度管理を徹底して実施することが重要であるといえます.

（徳光　克也・2013年12月号）

〔参 考 文 献〕

1) 南雲貞夫, 小島逸平, 加藤朝雄：橋面薄層舗装に関する長浦試験舗装の調査結果，第11回日本道路会議論文集，**pp.**137〜138(1973.11)
2) 伊吹山四郎, 田代忠昌, 坂田義明：エポキシアスファルト混合物の性状，第12回日本道路会議論文集，**pp.**319〜320(1975.11)
3) 鈴木克宗, 吉田　武監, 金沢円太郎, 村山雅人編：舗装技術の質疑応答　第8巻，9-2　排水性エポキシアスファルト，**pp.**227〜232，建設図書(2001.10)
4) 山梨安弘, 太田健二, 小黒幸一：エポキシアスファルト混合物による試験舗装，舗装，**pp.**24〜29(1981.5)
5) 本州四国連絡橋公団：本州四国連絡橋　橋面舗装基準(案)(1983.4)
6) 森永教夫監, 川野敏行編：舗装技術の質疑応答　第7巻(上)，8-7　熱硬化性アスファルト混合物の可使時間，**pp.**201〜205，建設図書(1997.11)
7) 鈴木秀輔, 島崎　勝, 紺野路登：舗装の耐久性向上に関する材料面からの一検討，道路建設，No.573，**pp.**46〜54(1995.10)
8) 高橋光彦, 紺野路登, 鈴木秀輔, 毛利行洋：工期短縮・コストダウンが期待できるトンネル内コンクリート舗装の補修工法〜タイヤチェーン装着下で10冬経過した明色エポアス舗装〜，道路建設，No.704，**pp.**30〜35(2007.11)
9) 岡本信人, 寺田　剛, 久保和幸：エポキシアスファルトを用いた工期短縮型舗装の開発，舗装，**pp.**20〜24(2006.11)
10) 坂本寿信, 下野祥一, 野口純也：明色エポキシアスファルト混合物の暴露試験による性状変化について，第12回北陸道路舗装会議　技術報文集　B-3(2012.6)
11) (独)土木研究所, (株)**NIPPO**コーポレーション, 日本道路(株), 東亜道路工業(株), (株)佐藤渡辺：交差点立体化の路上工事短縮技術の開発　共同研究報告書—工期短縮型舗装の開発と利用マニュアル(案)　第340号(2006.1)
12) 三村典正, 池　翰相, 岡本信人：固形エポキシ樹脂を用いたエポアス混合物の開発，第24回日本道路会議論文集(C)，**pp.**20〜21(2001.10)
13) 源　厚, 坂本寿信：積雪寒冷地トンネル舗装の明色エポキシ樹脂混合物について，舗装，**pp.**16〜20(2008.4)
14) 徳光克也, 工藤　朗, 野田悦郎：長寿命化を目指したエポキシアスファルト混合物について，舗装，**pp.**10〜14(2013.10)
15) 林　茂, 山本文男, 岡島正昭：エポキシアスファルトによる橋面舗装の施工—三河大橋—，舗装，**pp.**3〜12(1983.2)
16) 徳光克也, 吉儀友樹, 野田悦郎：エポキシアスファルト混合物の仕上がり面を考慮した配合検討，第29回日本道路会議論文集，論文番号3041(2011.11)
17) 野田悦郎, 徳光克也, 工藤　朗：固形型エポキシ添加アスファルト混合物の締固め特性の検討，第29回日本道路会議論文集，論文番号3040(2011.11)
18) 寺田　剛, 伊藤正秀：工期短縮型舗装の開発，土木技術資料，Vol.47，**pp.**40〜45(2005.8)

9章　各種の舗装

9-3　車線逸脱抑制工法

key word　車線逸脱，車線分離標，道路鋲，リブ式高視認性区画線，樹脂系薄層舗装，ランブルストリップス

> Q　居眠り運転や脇見運転などによる車線逸脱に対して抑制効果のある舗装工法は何かありますか．

A　車線逸脱を抑制するためには，ドライバーに対して振動や音により注意喚起する工法が効果的です．それらの工法は図-9.3.1のように分類できます．

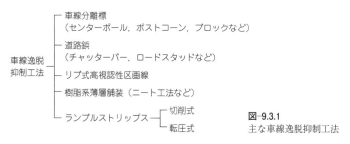

図-9.3.1　主な車線逸脱抑制工法

1．従来工法

従来より実施されていた工法としては，車線分離標，道路鋲，リブ式高視認性区画線，樹脂系薄層舗装などがあります．

(1) 車線分離標

車線分離標には，センターラインなどに設置される合成樹脂製のポールや車線分離ブロックなどがあります．ウレタン樹脂など柔軟性のある材料を使用しているため，車両と接触した場合でも車両の破損を最小限にとどめることができます．設置方法には固定式(貼付け式)と着脱式(穿孔式)の2種類があります．

(2) 道路鋲

道路鋲は，センターラインや路肩部などに設置され，反射材による視線誘導と乗上げによる振動や音により車線逸脱を抑制します．反射板や反射シートが組み込まれたアルミ製のものが多く，小型の鋲から大型で細長い鋲

119

9章 各種の舗装

（チャッターバー）まで様々なサイズがあります．積雪地域においては除雪作業の支障にならない着脱式や，太陽電池を組み込み，夜間における視認性を高めた自発光式などの種類もあります．

（3）リブ式高視認性区画線

リブ式高視認性区画線は，高視認性の区画線に凸部を設けたものです．リブの形状は，長方形や円形，ランダムな模様など様々なタイプがあり，センターラインや路肩側の区画線として施工されます．リブ式の区画線は，車両通過時に振動や音を出すだけでなく，雨天時に区画線が完全に水没することがないため良好な視認性が得られることが特長です．

（4）樹脂系薄層舗装

樹脂系薄層舗装は，舗装表面にエポキシ系，アクリル系あるいは MMA 系などの樹脂バインダを塗布した後，エメリーやセラミック骨材などのカラー人工硬質骨材を散布する工法です．車線縦断方向に仕上がり厚さ3～5 mm でゼブラ状に設置することによってドライバーに振動や音を伝えます．また，硬質骨材の優れたすべり抵抗性によるスリップ防止効果や，カラー骨材を使用することで明色化による注意喚起効果もあります．

2．ランブルストリップス

（1）概　　要

ランブルストリップスは，舗装路面に凹状の溝を連続的に設置し，その上を通過する車両のドライバーに対し振動や音で警告を与え，車線逸脱を抑制する工法です．従来工法と比較して費用対効果が非常に高いことから，近年急速に普及しています．

（2）語　　源

ランブルストリップスという語句は，「ゴロゴロ鳴る」の意味の Rumble と「細長い1片」の意味の Strip の2つの英単語を組み合わせたものです．広義では道路鋲やリブ式区画線など車両の通過により音の鳴るものはすべて含まれますが，一般的には材料を使用せずに路面上に凹型の溝を形成する転圧式および切削式と呼ばれる工法がランブルストリップスと呼ばれています．

（3）歴　　史

ランブルストリップスは，1955年に米国ニュージャージー州でコンクリー

9章　各種の舗装

ト舗装に型を押し付けて施工したのが最初の適用例と言われています．その後，1990年代から切削式が急速に普及し，現在では多くの州で様々な規格で設置されています．わが国では，2002年7月に(独)北海道開発土木研究所(現・(独)土木研究所寒地土木研究所)と国土交通省北海道開発局が，八雲町内の国道5号で直線区間約700 m のセンターライン上に初めて施工を行いました．

(4) 種　類

転圧式と切削式の2つの工法があります．現在，わが国および米国では主に切削式が採用されています．

①転　圧　式

転圧式は，加熱アスファルト混合物を敷きならす際に，舗設面に対し丸棒などを押し付けて凹状の溝を連続的に形成する工法です．突起物を取り付けた鉄輪ローラで転圧する方法(**写真-9.3.1**)と丸棒を舗設面に人力で並べて転圧する方法(**写真-9.3.2**)の2つがあります．

写真-9.3.1　突起物を付けたローラによる施工　　写真-9.3.2　丸棒を舗設面に並べた施工

②切　削　式

切削式は，道路の中央部または路肩部を小型切削機により一定間隔で連続的に削ることによって凹状の溝を形成する工法(**写真-9.3.3**, 4)です．切削方法には，異径車輪の回転による異径差を利用し切削ドラムを連続的に上下動させて削る方式(**図-9.3.2**)やセンサロープの波形配置により自動で切削する方式などがありますが，わが国では前者が一般的な施工方法として行われて

121

9章　各種の舗装

写真-9.3.3　中央部の施工状況　　　　写真-9.3.4　中央部の設置状況

図-9.3.2　異径車輪を装着した小型切削装置による施工方法

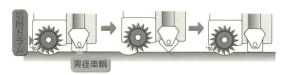

表-9.3.1　切削式の形状寸法例（単位：mm）

	標準型 (中央部・路肩部)	自転車配慮型 (路肩部)
横幅 a	150～350	350
縦幅 b	130～150	80
間隔 c	150～170	150
深さ d	9～15	9

います．表-9.3.1に設置寸法例を示します．高速道路などの自動車専用道路以外の路肩部では，自転車等への安全性を考慮して標準型よりも形状の小さなものが設置されます．

(5) 特　長

　ランブルストリップスの主な特長を以下に示します．

① 路面に対して凹型であるため耐久性に優れ，除雪や路面清掃作業時に破損がなく支障とならない．

② 連続施工が可能で施工速度も速いため，工期や規制時間が短くてすむ．

③ 材料が不要であり，従来工法と比較して設置費用が安い．

④ アスファルト舗装(ポーラスアスファルト舗装を含む)と，コンクリート舗装(切削式のみ)のいずれにも適用できる．

9章　各種の舗装

（6）実績・効果

　ランブルストリップスは，冬期に正面衝突事故が多く，除雪も必要な北海道において施工が開始され，平成25年3月末現在で全国における施工延長は約1,992 km（北海道内1,542 km）に達しています．平成14年から平成19年の間に北海道内の国道のセンターライン上にランブルストリップスを施工した43路線，延べ641 km では，整備前2年間と整備後2年間を比較すると，正面衝突事故件数が約54％，正面衝突事故死亡者数が約68％減少したと報告されています．

（佐々木　昌平・2013年12月号）

〔参考文献〕
1）平澤匡介，浅野基樹，相田　尚：正面衝突事故対策としてのランブルストリップスの開発，道路建設，No.675（2004.4）
2）（独）土木研究所寒地土木研究所：ランブルストリップス整備ガイドライン（案），（2006.6）
3）寒地土木研究所ホームページ，http://www2.ceri.go.jp/rumble/（2013年10月時点）

9-4　橋面舗装の舗装構成と必要性能

key word　橋面舗装，舗装構成，コンクリート床版，鋼床版，剥離抵抗性，たわみ追従性

Q　橋の上と一般部では，舗装構成や使用する材料が異なると思いますが，その違いについて教えてください．

A　橋の上の舗装は，通常アスファルト舗装が用いられ，基層（レベリング層）および表層の2層から構成されます．舗装の厚さは，一般部の舗装が交通量と路床の支持力により決定されるのに対し，基層と表層を合わせて6〜8 cmを標準としています[1]．

　この舗装厚の根拠は，これまでに供用された橋面舗装の追跡調査結果より，舗装厚が不足している場合にひび割れ破損が多く見られたことから最小厚を6 cmとし，橋梁の死荷重をできる限り低減する必要性から最大厚を8 cm 以下と設定するようになりました．

9章　各種の舗装

なお，橋面舗装の母体となる床版には，コンクリート床版と鋼床版があるため，ここからはそれぞれに対する舗装について説明していきます．

1．コンクリート床版上の舗装
（1）舗装構成

コンクリート床版上の舗装構成を図-9.4.1に示します．レベリング層には，水密性の高い密粒度アスファルト混合物やSMA混合物が用いられます．表層も同様ですが，排水機能を持たせたい場合は，ポーラスアスファルト舗装が施工されます．

コンクリート床版は，湿潤状態で繰り返し載荷を受けると耐久性が加速度的に低下するため，舗装端部から水を入れないための【目地材】，床版を水から守るための【防水層】，入った水を速やかに排出するための【水抜き孔，導水パイプ】を設置する必要があります．

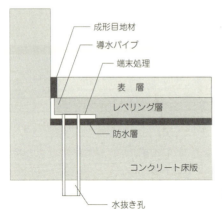

図-9.4.1
コンクリート床版上の舗装構成例

（2）コンクリート床版上の舗装に求められる性能
①剥離抵抗性

コンクリート床版には，一般に水抜き孔や排水枡が設置され，舗装表面から浸入した水は速やかに排水されるように設計されています．しかし，床版表面は平らに見えるようでも不陸が少なからず存在します．その部分に水が溜まり，車両の通行が繰り返されることで，レベリング層の下面が水で揉まれてアスファルトが剥離し，いずれポットホールへと進行することがありま

9章　各種の舗装

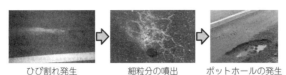
写真-9.4.1　コンクリート床版上のポットホール発生メカニズム

す(**写真-9.4.1**).

したがって，コンクリート床版上の舗装に求められる性能として特に重要なものは，水により骨材からアスファルトが剥離しづらいこと(剥離抵抗性)であるといえます．

アスファルト混合物の剥離抵抗性を高めるためには，消石灰やセメントを添加する，あるいは剥離抵抗性の高いアスファルト(付着性改善型バインダ)を使用するなどの方法がありますが，ここでは後者について説明します．

【付着性改善型バインダ】

(ポリマー改質アスファルトⅢ型-W)

ポリマー改質アスファルトⅢ型-Wは，剥離抵抗性を高めたバインダです．

アスファルト混合物の剥離抵抗性は，水浸ホイールトラッキング試験で評価します．この試験は，アスファルト混合物の下面を60℃の温水に浸した状態でトラバース走行させ，試験後に混合物を分割し，アスファルトの剥離状況を目視にて判断します．

写真-9.4.2はバインダにストレートアスファルトとポリマー改質アスファルトⅢ型-Wを用いた密粒度アスファルト混合物の水浸ホイールトラッキング試験後の状態です．ストレートアスファルトでは約50％の割合でアスファルトが剥離していますが，ポリマー改質アスファルトⅢ型-Wではほとんど剥離が見られないことが分かるかと思います．

②止水性

橋面上は，風の通り道になりやすい，あるいは床版下面から熱が放出しやすいなど，寒冷期や夜間の施工では一般部よりアスファルト混合物の温度が低下しやすい傾向にあります．

特に地覆端部や伸縮装置付近では熱を奪われやすく，また締固めしにくいことから，締固め密度が得られにくいと言われています．締固め密度が低下すると，混合物の透水係数が大きくなり，雨水が浸透しやすくなるため，舗

9章　各種の舗装

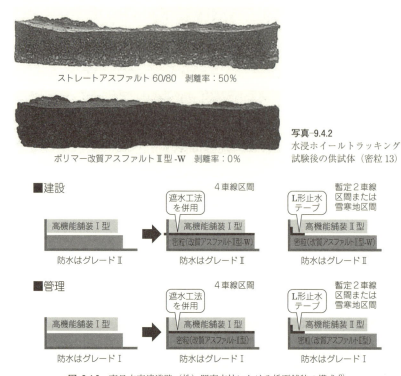

写真-9.4.2
水浸ホイールトラッキング試験後の供試体（密粒13）

図-9.4.2　東日本高速道路（株）関東支社における橋面舗装の構成[2]

装の耐久性を高めるためには，いかに締固め密度を確保するかが重要となります．

橋面舗装施工時に締固め密度を確保するための留意点としては，混合物の温度を低下させないように混合物の製造温度を若干高めにする，運搬時の保温対策を万全に行う，舗設作業を速やかに行うなどの対策を行う必要があります．また，最近では混合物舗設時の施工温度範囲を広く設定した改質アスファルトも開発されているため，こちらを使うことも品質を確保するうえでは有効であるといえます．

最近の止水対策技術として，東日本高速道路（株）関東支社で採用されている遮水型高機能舗装とL形止水テープを紹介します．

遮水型高機能舗装とは，乳剤散布装置付きアスファルトフィニッシャを用い，基層面に高濃度改質アスファルト乳剤による1cm程度の遮水層を構築

9 章　各種の舗装

する方法です．これにより，レベリング層に求める遮水性を補完する役割を期待しています．

　一方，L形止水テープとはレベリング層上に設置する止水テープであり，地覆部と舗装端部にL形に貼り付けます．これにより，地覆部と舗装の界面，およびレベリング層端部表面からの止水を期待しています．

2．鋼床版上の舗装
(1) 舗装構成

　鋼床版上の舗装構成を図-9.4.3に示します．レベリング層にグースアスファルト混合物が用いられることが特徴的です．

　グースアスファルト混合物が用いられる理由は，流動性がある混合物であり，吊りピース跡や高力ボルトなどの突起物があっても比較的容易に施工できるためです．不透水の混合物であるため舗装系防水層に位置づけられ，防水層を別に設ける必要はありません．

　ただし，グースアスファルト混合物はクッカ車やグースアスファルトフィニッシャなど特殊な舗設機械が必要であるため，小規模施工では苦慮する場

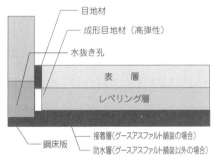

図-9.4.3　鋼床版上の舗装構成例

（左：クッカ車，右：グースアスファルトフィニッシャ）
写真-9.4.3　グースアスファルト混合物の施工

9章 各種の舗装

合が多く，このような場合はレベリング層に密粒度舗装などが用いられる場合もあります．この場合は防水層を設置する必要があります．

表層には，密粒度アスファルト混合物や SMA 混合物が用いられ，排水機能を持たせたい場合にはコンクリート床版と同様にポーラスアスファルト舗装が施工されます．

(2) 鋼床版上の舗装に求められる性能

① たわみ追従性

鋼床版は，コンクリート床版より死荷重が小さく，径間を長くすることができるため，長大橋に多く用いられます．

デッキプレートと呼ばれる鋼板を床版としており，この床版を縦リブと横リブで支える構造になっています．このデッキプレートは12〜16 mm 程度(平成21年から16 mm が標準)と薄い鋼板であるため，車両が通行すると図-9.4.4に示すように縦リブ上に大きなひずみを生じます．

このひずみにアスファルト舗装が追従できずに，縦リブ上に発生する縦断

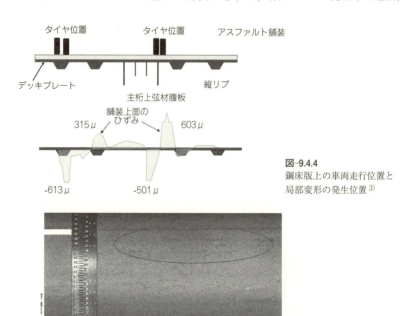

図-9.4.4
鋼床版上の車両走行位置と局部変形の発生位置 [3)]

写真-9.4.4
鋼床版舗装における縦リブ上のひび割れ

9章　各種の舗装

ひび割れが問題視されていました.

そこで，このひずみに対して追従性が高い改質アスファルトとして，ポリマー改質アスファルトⅢ型-WF が開発されました.

【たわみ追従性バインダ】
（ポリマー改質アスファルトⅢ型-WF）

図-9.4.5は，密粒度アスファルト混合物(13)でバインダの種類を変えて疲労抵抗性試験を行った結果の一例です．試験温度10℃，5Hz の条件で400μm のひずみを繰り返し与えたときのアスファルト混合物の破壊回数を比較すると，ポリマー改質アスファルトⅢ型-WF は約300万回であり，ポリマー改質アスファルトⅡ型と比較して約100倍の疲労抵抗性があることが確認されています.

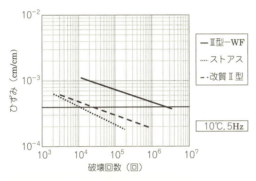

図-9.4.5
バインダ種類と疲労破壊回数
（密粒度 13）

写真-9.4.5
エポキシ系接着材の塗布
および SFRC の舗設

9章　各種の舗装

図-9.4.6 SFRCによる鋼床版補強効果

このたわみ追従性により，鋼床版上で繰り返し生じる大きなたわみに対して追従できるため，高い耐久性を付与することができます．

②剛性の付与

鋼床版の損傷事例として，デッキプレートとUリブや垂直補強材などとの溶接部で発生する疲労亀裂が最近飛躍的に増えており，その補強工法としてSFRC舗装が注目されています．

この技術はSFRCをエポキシ系の接着材を用いて鋼床版と一体化させるものであり，鋼床版の剛性を向上させます．

図-9.4.6に示すように，基層にグースアスファルト舗装を用いた場合に比べて床版自体の剛性が増し，Uリブとデッキプレートの接合部に生じる応力を軽減できるため，疲労に対して耐久性が高まります．

SFRCを舗設した効果は実験的にも確認されており，デッキプレート下面の応力が舗設前の10〜20％まで軽減したとの測定結果もあります[4]．

以上のように，橋の上の舗装はその特性上，一般部と比較して求められる性能が大きく変わりますので，適宜使い分けることが重要といえます．

（平岡　富雄・2014年12月号）

〔参考文献〕
1) (社)日本道路協会：床版防水便覧, p.8(2007.3)
2) 高橋茂樹, 藤井政幸, 西田和彦：高速道路におけるアスファルト舗装の長寿命化に向けた取組み, 舗装, pp.6〜12(2014.7)
3) 多田宏行：鋼床版舗装の設計と施工, p.44, 鹿島出版会(1996.3)
4) 小野秀一, 平林泰明, 下里哲弘, 稲葉尚史, 村野益巳, 三木千壽：既設鋼床版の疲労性状と鋼繊維補強コンクリート敷設工法による疲労強度改善効果に関する研究, 土木学会論文集A, Vol.65, No.2, pp.335〜347(2009)

9 章　各種の舗装

9−5　車道と歩道の舗装構造

key word　歩道，舗装構造，交通荷重，疲労破壊輪数，計画交通量

> **Q**　車道と歩道の舗装構造の違いとその考え方について教えてください．

A　舗装の破壊には大型車の交通荷重によるダメージが大きく寄与しているとされており，その破壊に及ぼす程度は，輪荷重のほぼ4乗に比例すると言われています[1]．これは，大型車(輪荷重49kN として) 1 台が走行したときに受ける舗装のダメージが，乗用車(輪荷重4.9kN として)約10,000台分に相当するようなものです．このことから，車両が通行する車道と人や自転車が通行する歩道とでは，交通荷重による舗装への負荷の度合いも大きく異なることがお分かりいただけると思います．

　さて，ご質問の車道と歩道の舗装構造の違いについてですが，舗装構造の原則の1つに「舗装は，道路の存する地域の地質，気象その他の状況及び当該道路の交通状況を考慮し，通常の衝撃に対して安全であるとともに，安全かつ円滑な交通を確保する事が出来る構造とするものとする」[2]という決まりがあります．これは車道の舗装においては，交通荷重によって舗装が損傷や破壊を起こさないような舗装構造にすることを求めているものですが，舗装構造を決定する際にはこの原則に従い，荷重の繰返しの負荷によって舗装が破壊しないよう，疲労破壊抵抗性に着目した設計が行われます．舗装の繰返し荷重に対する耐荷力は，疲労破壊輪数という指標で表され，**表−9.5.1**のように舗装計画交通量ごとに基準値が設けられており[3]，設計の際には該当する値以上の輪荷重が加わっても舗装が壊れないような材料および舗装厚さの検討がなされます．

　図−9.5.1は車道部の一般的な舗装構成の例ですが，舗装は路床の上に構築した路盤，基層および表層から構成されています．それぞれの層には役割があり，表層には交通の安全性や快適性などの路面の機能の確保，基層には路盤の不陸を整正して表層に加わる交通荷重を路盤に均等に分散，路盤には表層や基層に均一な支持力を与えるとともに，上部から伝わった交通荷重を分

9章　各種の舗装

表-9.5.1　疲労破壊輪数の基準値(普通道路，標準荷重49kN)

交通量区分	舗装計画交通量 (単位：台／日・方向)	疲労破壊輪数 (単位：回／10年)
N_7	3,000 以上	35,000,000
N_6	1,000 以上 3,000 未満	7,000,000
N_5	250 以上 1,000 未満	1,000,000
N_4	100 以上 250 未満	150,000
N_3	40 以上 100 未満	30,000
N_2	15 以上 40 未満	7,000
N_1	15 未満	1,500

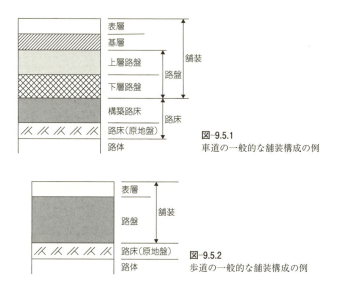

図-9.5.1　車道の一般的な舗装構成の例

図-9.5.2　歩道の一般的な舗装構成の例

散して路床へ伝達するという役目があり，構造設計では，このそれぞれの層について検討し，層全体で舗装としての機能が確保できるように計画しています．

　一方，歩道は車道に比べ交通荷重による舗装への負荷が非常に小さいため，交通荷重による破壊を考慮する必要はありません．このため，車道のように疲労破壊抵抗性に着目して舗装構造を決定するのではなく，施工時の作業機械や資材運搬車などの走行性や，表層に求められる性能に見合った表層材料を勘案したうえで，主に表層材料に応じた舗装構造とするのが一般的です．
図-9.5.2は，歩道部の一般的な舗装構成です．車道と同じように路床上に路盤や表層が構築されますが，路盤には粒状材料を10～15cm程度の厚さで施

132

9章　各種の舗装

工することが多いようです．しかし，車両の乗入れ部や緊急車両の通行のある箇所については，交通荷重による破壊が考えられるため，車道舗装に準じた設計がされます．

舗装の構造は，舗装に求める性能や設定される条件によって大きく異なってきます．詳しい設計方法や舗装構造の例については，参考文献に記載されていますのでそちらを参考にしてください．

（草刈　憲嗣・2014年12月号）

〔参考文献〕
1）(社)土木学会舗装工学委員会：舗装工学(1995)
2）(社)日本道路協会：舗装設計便覧(2006.2)
3）(社)日本道路協会：舗装の構造に関する技術基準・同解説(2001.7)

9-6　グースアスファルト混合物の曲げ試験温度

key word　グースアスファルト混合物，曲げ試験，試験温度，破断時ひずみ，脆化点，たわみ追従性

Q　一般に鋼床版の基層には，グースアスファルト混合物が用いられていますが，たわみ性の評価を曲げ試験で行っています．この曲げ試験の試験温度は通常－10℃ですが，その理由を教えてください．

A　グースアスファルト混合物の曲げ試験は，「本州四国連絡橋橋面舗装基準(案)」[1]に基づいて標準化されたものです．本州四国連絡橋での気象条件で最低気温が岡山の－8.9℃（1963.1.24）との記録があり，最低気温が－10℃の設定[2]になっていることから，決められたものと思われます．

ご質問にあるように，一般にグースアスファルト混合物は，鋼床版の基層に用いられています．鋼床版の場合は，比較的大きな繰返しの曲げ作用を受けることから，変形に対する追従性も要求され，たわみ性に富むグースアスファルト混合物が採用されています．

グースアスファルト混合物の曲げ試験の試験温度が－10℃に標準化されたのは，以下のような理由によるものと思われます．

グースアスファルト混合物を含むアスファルト混合物は粘弾性体と呼ば

133

9章　各種の舗装

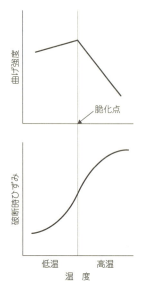

図-9.6.1　曲げ試験の概念図[4]

れ，その破壊挙動は温度やひずみ速度(時間)に依存します．詳しくは，参考文献3)を参照してください．**図-9.6.1**[4]に示すように，横軸に温度，縦軸に強度ならびに破断時のひずみを示した関係をみると，強度-温度曲線ではピークを，破断時のひずみ-温度曲線では変曲点を示す曲線が得られます．このピーク，変曲点を示す温度を脆化点と呼びアスファルト混合物の特性値を示します．

　脆化点より高温側を流動領域，低温側を脆性領域としています[5]．

　変形に対するたわみ追従性が要求されるのは，破断時のひずみの小さい脆性領域で，そのひずみの大きさが問題となります．前述したように，アスファルト混合物は温度とひずみ速度に影響を受けます．曲げ試験では試験温度が-10℃，載荷速度が比較的速い50mm/min ですので，一般的なアスファルト混合物は脆性領域に属し，さらに最小のひずみに近似した領域での値ということになります．

　この下限値を設定することで鋼床版のたわみによる変形に追従し，ひび割れの発生を防ぐことができると考えられます．

　「本州四国連絡橋橋面舗装基準(案)」では，グースアスファルト混合物の

9章　各種の舗装

曲げ破断ひずみの基準値を8×10^{-3}以上としていますが，この値は「検討実験の結果の70％の値をもって規定した」とあります．

ただし，北海道のような寒冷地域においてはさらに低い温度領域になりますので，課題があるかもしれません．

（徳光　克也・2014年12月号）

〔参考文献〕
1）本州四国連絡橋公団：本州四国連絡橋橋面舗装基準（案），pp.34〜36（1983.4）
2）多田宏行編著：鋼床版舗装の設計と施工，p.10，鹿島出版会（1990.3）
3）（公社）土木学会：舗装工学ライブラリー8　アスファルト遮水壁工，第Ⅴ編アスファルトのレオロジー，pp.243〜279（2012.9）
4）（社）日本道路協会：舗装調査・試験法便覧〔第3分冊〕，pp.69〜73（2007.6）
5）森吉昭博，上島　壮，菅原照雄：アスファルト混合物の破壊強度に関する研究，土木学会論文報告集，pp.57〜64（1973.2）

9-7　高機能舗装Ⅱ型適用時の留意点

key word　高機能舗装Ⅱ型，テクスチャ，防水性，投入順序，温度低下対策，材料分離

Q NEXCO 3社において，高機能舗装Ⅱ型が多く施工されていますが，混合物の製造および施工が非常に難しいと聞いています．製造面と施工面の留意点等について教えてください．

A まず，高機能舗装Ⅱ型とはどのような混合物なのか説明します．NEXCO 3社の高速道路では，ポーラスアスファルト混合物を用いたものを高機能舗装Ⅰ型と呼び，表層工の標準として採用していますが，積雪寒冷地において摩耗が多発したり，雨水が流れる基層部から剥離現象が発生するなどの破損が多く見受けられるようになりました．そのため，これら損傷に対応可能な混合物として，新たに開発した表層用混合物で，高機能舗装Ⅱ型と呼んでいます．

この舗装の概念を**図-9.7.1**に示しますが，表面は高機能舗装Ⅰ型と同様のテクスチャを有しているものの，内部は密実な構造となっており，ギャップアスファルト混合物や砕石マスチックアスファルト混合物などとは異なる配合粒度・基準を設定しており，以下の特長があります．

135

9章　各種の舗装

高機能舗装Ⅰ型　　　　高機能舗装Ⅱ型

図−9.7.1
高機能舗装Ⅰ型および
Ⅱ型の概念図

①摩耗やひび割れに対する耐久性が，Ⅰ型に比べて高い．
②すべり抵抗性は，Ⅰ型と同等の性能を有する．
③排水機能がなく防水性が保たれる．

　このような特長をもつ混合物ですが，施工時には，「材料分離を生じやすい」，「適切な締固め度が得られにくい」，「施工温度に依存されやすい」などの課題があります．

　これらの課題に対応するため，様々な現場施工における経験から，幾つかの留意点や工夫を紹介します．

①骨材粒度

　混合物の目標粒度を設定する際には，特に2.36mm および 0.6mm ふるい通過質量に着目し，細かい粒度に設定すると材料分離が発生しにくくなりますが，4.75mm ふるい通過質量が多くなると舗設後の表面のキメが得られにくくなるので注意が必要です．

②プラントにおけるドライ混合

　実際のプラントで試験練りを行った際に**写真**−9.7.1に示すように，練混ぜ

写真−9.7.1
練混ぜ不良の状況

9章　各種の舗装

不良が発生することがあります.

　このときに使用していたプラントの機構は，石粉投入口がミキサ内の壁際に配置されており，骨材と石粉を連続投入すると，ミキサ底面に堆積した石粉が十分に攪拌されないために混合物が分離してしまいました.

　そのため，骨材を先に投入して攪拌し，石粉を後で投入するような措置を講じることで，練混ぜ不良を解消することができました.

③温 度 管 理

　混合物の温度管理は，高機能舗装Ⅱ型に限らず重要な項目ですが，この混合物は温度に特に敏感なことから，運搬時の温度低下対策として，ダンプの荷台立上がり部にコンパネを設置したり，アスファルトフィニッシャのホッパ部を加温させたりする工夫を行うことで，温度低下を防止します.

④転圧のキメ確保

　高機能舗装Ⅱ型の表面のキメと内部の緻密さは，初転圧の良し悪しによるところが大きいものです.そのため，敷きならした直近でマカダムローラによる転圧ができるような体制をとることも重要です.

　いずれにしても高機能舗装Ⅱ型混合物は，材料分離や温度低下が生じやすい混合物であるため，配合設計から試験練り，試験舗装の各段階で，混合物の性状を確認しながら適切な施工方法，品質管理方法を設定したうえで，本施工を進めていくことが重要です.

（佐藤　正和・2014年12月号）

9-8　ポーラスアスファルト舗装の排水対策

key word　ポーラスアスファルト舗装，導水管，透水係数，排水量，集水面積，降雨強度

Ｑ　ポーラスアスファルト舗装に導水管を入れる場合がありますが，道路の幅員，縦横断勾配によって，導水管の径や集水ますの位置を検討する必要があると思います.どのように設定すればよいでしょうか.

9章　各種の舗装

　「舗装施工便覧(平成18年版)」によると，ポーラスアスファルト舗装を「縦断勾配の大きい坂路，長い坂路に適用する場合は，縦断方向の排水能力を十分に検討した上で，坂路途中で横断方向への排水施設を設けて，路面の溢水対策を行うなど，路面排水対策を検討することが望ましい」とされており，特に集水面積が大きい場合の排水対策例が付録(排水性舗装の排水処理例)に掲載されています．

　しかし，具体的な計算方法については記載がないため，ここでは，一例として横断導水管および排水ますの設置間隔等の設計例を示します．

1．設　計　概　要
(1) 試　算　条　件
　今回の検討は，図-9.8.1に示すモデル断面を設定して，以下を前提条件として試算します．

① 勾配：縦断10%，横断2％（両勾配）
② 車線幅員：6.5 m(片側2車線)
③ 線形は直線で，急なカーブ等はない．

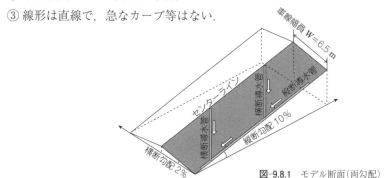

図-9.8.1　モデル断面(両勾配)

(2) つり合い式
　道路舗装上に降った雨水が浮き水になることなく速やかに排水されるためには，下式が成り立つ必要があります．ここで，連続降雨時においては，水の貯留後には「降雨量」と「流出能力」との比較となるため，ここでは舗装の貯留量は考慮しないものとします．

(集水面積からの流出量)≦(ポーラスアスファルト舗装からの排出量)≦(縦横断導水管の最大流量)

9章　各種の舗装

（3）検討フロー

当該路線の雨水排水計画は，**図-9.8.2**のフローに従って試算します．

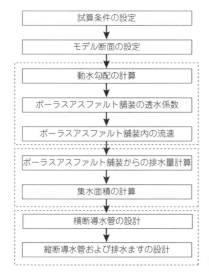

図-9.8.2　排水計算フロー

2．排水計画
（1）動水勾配

基本的に水の流れ方は，道路勾配（縦断勾配・横断勾配）によって決まり，排水性舗装内の空隙を充填した水はピタゴラスの定理によって**表-9.8.1**および**図-9.8.3**に示す方向に流れていきます．

表-9.8.1　動水勾配

縦断勾配 a (%)	横断勾配 b (%)	動水勾配 c (%)	縦断との角度 θ (°)
10	2	10.2	11.3

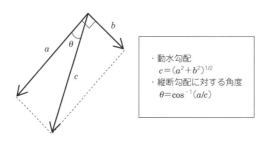

・動水勾配
$c = (a^2 + b^2)^{1/2}$
・縦断勾配に対する角度
$\theta = \cos^{-1}(a/c)$

図-9.8.3　動水勾配

9章　各種の舗装

（2）ポーラスアスファルト舗装の透水係数

空隙率20%程度のポーラスアスファルト舗装の透水係数を，ここでは $K=$ 0.4 cm/s として計算します．

標準的な透水係数の設定例

鉛直方向：$1.5\sim2.5\times10^{-1}$(cm/s)

水平方向：$3.0\sim5.0\times10^{-1}$(cm/s)（鉛直方向の約2倍）

（3）ポーラスアスファルト舗装内の流速

ポーラスアスファルト舗装内を流れる水の流速は，ダルシーの法則によりポーラスアスファルト舗装の飽和透水係数と動水勾配から，式（1）により求めます．また，式（1）により求めた舗装内の水の流速を**表−9.8.2**に示します．

$$q_v = K \cdot J \qquad\qquad \cdots 式（1）$$

ここで，

　q_v：ポーラスアスファルト舗装内の流速(cm/s)

　K：透水係数(0.4 cm/s)

　J：動水勾配

表−9.8.2　舗装内の流速

透水係数 K (cm/s)	動水勾配 J	流速 q_v (cm/s)
0.4	10.2	0.041

3．排水量の計算

（1）ポーラスアスファルト舗装からの排水量

降雨は，ポーラスアスファルト舗装の水平方向の透水係数および動水勾配の大きさに比例した流速によって流れていきますが，雨水排水量はポーラスアスファルト舗装の厚さおよび舗装延長により異なります．そのため，排水量は式（2）により求めることができます．

$$排水量 Q = q_v \times h \times L \qquad\qquad \cdots 式（2）$$

ここで，

　Q：排水量(cm^3/s)

　q_v：ポーラスアスファルト舗装内の流速(cm/s)

140

9章 各種の舗装

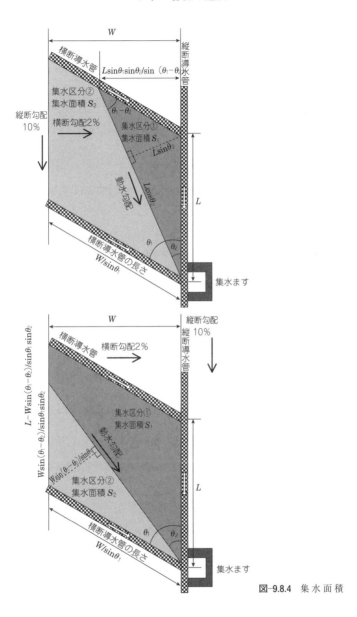

図-9.8.4 集 水 面 積

h：舗装厚(cm)（5 cm＝一定）
L：舗装延長(cm)

9章　各種の舗装

（2）集水面積の計算

　雨水は，動水勾配に沿って流れるため集水面積は，下図に示す2つの区域（集水区分）に分かれます.

［前提条件］

① 集水面積 S_1 の部分（集水区分①）に降った雨水は，路肩側縦断配水管により集水される.

② 集水面積 S_2 の部分（集水区分②）に降った雨水は，横断導水管によりすべて集水される.

③ 縦断・横断導水管により排水された雨水は，集水ますに直接接続する.

　横断導水管の設置間隔を $L(\mathrm{m})$，幅員を $W(\mathrm{m})$，横断導水管の縦断勾配に対する設置角度を θ_1，動水勾配の縦断勾配に対する角度を θ_2 とすると，集水面積 S_1 および S_2 は，横断導水管の設置角度・設置間隔および動水勾配により，**図-9.8.4**に示すように変化し，その条件は，車線幅員 W に応じて下式のようになります.

① $W \geqq L \cdot \sin\theta_1 \sin\theta_2/\sin(\theta_1 - \theta_2)$ の集水面積

$S_1 = L^2 \cdot \sin\theta_1 \sin\theta_2/(2\sin(\theta_1 - \theta_2))\,(\mathrm{m}^2)$

$S_2 = L \cdot W - L^2 \cdot \sin\theta_1 \sin\theta_2/(2\sin(\theta_1 - \theta_2))\,(\mathrm{m}^2)$

② $W \leqq L \cdot \sin\theta_1 \sin\theta_2/\sin(\theta_1 - \theta_2)$ の集水面積

$S_1 = L \cdot W - W^2 \cdot \sin(\theta_1 - \theta_2)/(2\sin\theta_1 \sin\theta_2)\,(\mathrm{m}^2)$

$S_2 = W^2 \cdot \sin(\theta_1 - \theta_2)/(2\sin\theta_1 \sin\theta_2)\,(\mathrm{m}^2)$

（3）降雨強度

　一般的な雨の強さと降雨量の関係は，**表-9.8.3**に示すとおりです. 今回の検討においては，降雨強度20 mm/h の降雨があった場合でも浮き水を発生させることのない排水計画を立てることとします.

雨の強さ	1 時間の雨量	1 日の雨量
微雨	1 mm 以下	5 mm 以下
小雨	1 ～ 5 mm	5 ～ 20 mm
並雨	5 ～ 10 mm	20 ～ 50 mm
大雨	10 ～ 20 mm	50 ～ 100 mm
豪雨	20 mm 以上	100 mm 以上

表-9.8.3
一般的な雨の強さと
降雨量の関係例

（4）雨水流出量

　道路舗装上に降った雨水の流出量は，式（3）の合理式により求めることが

9章 各種の舗装

できます．**図**-**9.8.5**および**9.8.6**は，集水区分①および②における横断導水管の設置間隔と雨水の流出量の関係を計算により求めたものです．

図-**9.8.6**から，降雨強度20 mm/h でも浮き水を発生させないためには，約5 m 間隔で横断導水管を設置する必要があることが分かります．

$$Q = 1/(3.6 \times 10^6) \times C \times I \times a \qquad \cdots 式(3)$$

ここで，Q：雨水流出量（m³/s）
C：流出係数(0.9)
I：流達時間内の降雨強度(mm/h)
a：集水面積(m²)

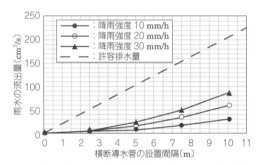

図-9.8.5 集水区分①における横断導水管の設置間隔と雨水流出量の関係
（横断導水管の設置角度 60°）

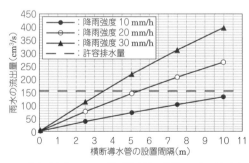

図-9.8.6 集水区分②における横断導水管の設置間隔と雨水流出の関係
（横断導水管の設置角度 60°）

9章 各種の舗装

4．導水管の設計
(1) 横断導水管の勾配

横断導水管の勾配は，設置角度θ(縦断勾配からの角度)により変化します．**表-9.8.4**は，横断導水管の設置角度と動水勾配の関係を示したものです．

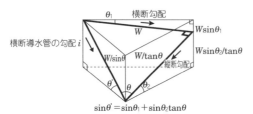

$\sin\theta' = \sin\theta_1 + \sin\theta_2 \tan\theta$

横断導水管の勾配　$i = \tan\theta' = \tan(\sin^{-1}(\sin\theta_1 + \sin\theta_2 \tan\theta))$

図-9.8.7 横断導水管の動水勾配

横断導水管の設置角度 θ (°)	横断勾配 θ_1 (%)	縦断勾配 θ_2 (%)	横断導水管の動水勾配 i (%)
45			8.5
60	2	10	6.7
75			4.5

表-9.8.4 横断導水管の動水勾配

(2) 横断導水管の設計

横断導水管の設計に際しては，ポーラスアスファルト舗装からの排水量よりも，横断導水管からの排水量が大きくなるように管径を設定する必要があります．

縦断および横断方向の導水管の最大流量は，式(4)により計算します．

図-9.8.8は，横断導水管を5 m間隔で縦断勾配に対して60°の角度で設置した場合の管の直径と排水量の関係を示したものです．

図から，降雨強度20 mm/h の雨水を速やかに排水するためには，直径35 mm 以上の管を設置する必要があることが分かります．

$$Q = A \times v = A \times 1/n \times R^{2/3} \times i^{1/2} \qquad \cdots 式(4)$$

(3) 縦断導水管の設計

図-9.8.9は，集水ますの設置間隔を10 m とした場合の縦断導水管の直径と流量の関係を計算により求めたものです．図から，直径35 mm 程度の導水管を縦断方向に設置し，集水ますを10 m ごとに設けることにより，20 mm/h

9章　各種の舗装

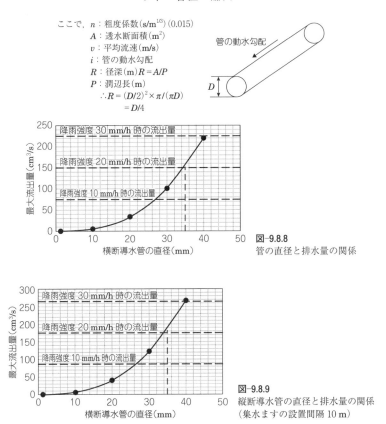

ここで，n：粗度係数($s/m^{1/3}$) (0.015)
A：透水断面積(m^2)
v：平均流速(m/s)
i：管の動水勾配
R：径深(m) $R = A/P$
P：潤辺長(m)
$\therefore R = (D/2)^2 \times \pi / (\pi D)$
$= D/4$

図-9.8.8　管の直径と排水量の関係

図-9.8.9　縦断導水管の直径と排水量の関係（集水ますの設置間隔 10 m）

の降雨を速やかに排水できることが分かります．

5．まとめ

図-9.8.10は，20 mm/h の降雨があった場合の各導水管内を流れる排水量を示したものです．なお，図中の括弧内の流量は，該当する管の最大流量を示したものです．計算上では，このように各導水管を設置することにより，浮き水を発生させることなく排水できるようになります．

おわりに

急な坂道等に適用されたポーラスアスファルト舗装の排水機能を有効に発

145

9章　各種の舗装

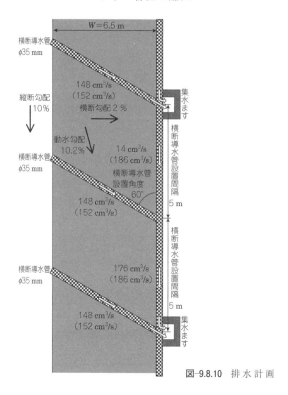

図-9.8.10　排水計画

揮するためには，雨水を速やかに舗装体から排出する方法を検討する必要があります．

その中で，導水管を縦断方向だけでなく，横断方向にも設置する方法が有効と思われますが，導水管上の舗装厚さが薄い場合には，骨材飛散等の早期破損につながるため，横断導水管の適用に際しては，排水計画に併せて，舗装の耐久性を考慮した設置方法についても検討する必要があります．

（市岡　孝夫・2013年12月号）

9章　各種の舗装

9-9　ポーラスアスファルト舗装の早期損傷と補修

key word　ポーラスアスファルト舗装, 排水性舗装, 側方流動, 剥離抵抗性, ポンピング, 修正ロットマン試験

> **Q**　最近は排水性舗装の道路が多くなってきましたが, 場所によっては早期にわだち掘れが発生したり, 車輪走行部が土で汚れたように見える箇所があります. これらの原因や補修する場合の留意点および対策方法があれば教えてください.

A　排水性舗装は1990年代から車道舗装として適用され始め, 2005年度まで直轄国道の20%程度を占める[1]約5,000万m²の施工実績を積み上げています[2]. また, 高速道路では高機能舗装として1998年から本格的に導入され, 2008年現在で6,300万m²の施工実績があります[2]. 排水性舗装の普及に伴い, ご質問にある早期の破損などの課題が生じていました. ご質問の内容を, 破損の原因とそれに影響を及ぼす要因, 補修する場合の留意点および対策に分けて述べていきます.

1. 早期破損の原因とそれに影響を及ぼす要因

(独)土木研究所で排水性舗装の破損特性について研究した報告[1]がありますので, 主にこの報告を参考にしてお答えします.

(1)早期破損の原因

国土交通省の各地方整備局へのヒアリング結果に基づいて排水性舗装の早期破損の形態と要因についてとりまとめたのが**表-9.9.1**です.

表-9.9.1に示す原因のうちチェーンタイヤによるわだち掘れは, 積雪寒冷地域において除雪車による除雪作業やチェーンを装着した車両の走行などの影響で発生したわだち掘れです[3]. ご質問のわだち掘れは**表-9.9.1**に示す基層の剥離抵抗性が原因の側方流動によるわだち掘れとして話を進めます. また, 実道における実態調査から, 側方流動破壊が発生している箇所および時期に関して以下に示す特徴が報告されています[4].

① 交差点部で発生することが多いが単路部でも発生している.

147

9章　各種の舗装

表-9.9.1 排水性舗装の早期破損形態と要因[1]

発生要因	破損形態	原因
ポーラスアスファルト混合物の性状, 施工	骨材飛散	施工温度, 締固め度等
	ポットホール	
	ひび割れ	
外的要因	骨材飛散	チェーンタイヤ, 油漏れ等
	わだち掘れ	
	ポットホール	
	ブリージング	
	ひび割れ	
表層に浸透させる舗装構造	側方流動	基層の剥離抵抗性等
	ポットホール	

② 時期として7～8月ごろに発生していることが多い．
③ 破壊の発生している現場の多くで，基層の剥離抵抗性に問題がある．
④ 1層切削オーバーレイ施工による排水性舗装の設置箇所に多く見られる．

　(独)土木研究所の検討では，舗装走行実験場において上記特徴④に相当する切削オーバーレイ工事を施した箇所で促進載荷試験を行いました．側方流動が発生した車輪走行部の概念図を図-9.9.1に示します．図-9.9.1より，基層の塑性変形により基層切削面に雨水が滞水して剥離が起きやすくなるとともに界面における付着力の低下が原因で，側方流動破壊が促進されると報告しています[1]．

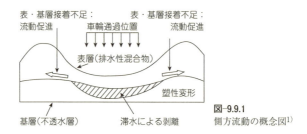

図-9.9.1 側方流動の概念図[1]

　また，同様にご質問の車輪走行部が土で汚れたように見える箇所は，基層が剥離状態となり雨水等が舗装の下層部に浸透し，走行車両の繰返し走行で路床土が泥土化した後にポンピングにより泥土が路面に吹き出した状態と想像できます[1]．

(2) 側方流動に影響を及ぼす要因

1) 試験方法

　次に，側方流動に影響を及ぼす要因を究明する目的で図-9.9.2に示す装置

148

9章 各種の舗装

を使って水浸ホイールトラッキング試験(以下,水浸 WT 試験)を行いました.試験条件は図-9.9.2に示すとおりで,トラバースの速度は10 cm/min で試験時間は変形量が30 mm に至るまでとしています.

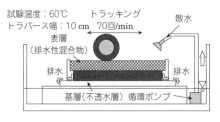

図-9.9.2 水浸 WT 試験装置

2）基層部の流動抵抗性が及ぼす影響

基層混合物に動的安定度(DS)が異なる各種混合物を用いた供試体を使って,図-9.9.2に示す装置で水浸WT試験を行いました.試験結果は図-9.9.3に示すとおりです.なお,供試体の基層上面には切削面を設けずに乳剤を散布しています.また,粗粒度混合物と密粒度混合物はストレートアスファルトを使用しています.

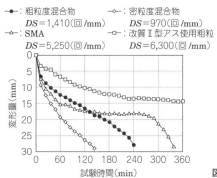

図-9.9.3 基層混合物の影響[1]

この試験結果から基層混合物の耐流動性のレベルが排水性舗装の耐久性に大きく影響を与えると報告しています[1].高速道路の設計要領では,表層が高機能舗装の場合,基層用混合物の動的安定度は1,000回/mm 以上を目標値に設定しています[6].

149

3）乳剤の種類と散布量が及ぼす影響

基層面を切削してゴム入り乳剤と改質乳剤の塗布量を変化させた供試体と比較用に基層切削有りで乳剤無しおよび基層切削無しゴム入り乳剤塗布の供試体について水浸WT試験を行いました．試験結果は図-9.9.4に示すとおりです[1]．

なお，基層はストレートアスファルトを用いた粗粒度アスファルト混合物を使用しています[1]．

図-9.9.4からゴム入り乳剤を3倍の1.2 $ℓ/m^2$塗布するか改質乳剤を用いれば，基層上面を切削しないゴム入り乳剤0.4 $ℓ/m^2$を塗布した供試体と同程度の水浸状態におけるポーラスアスファルト混合物層の変形抵抗性を確保できるとしています[1]．すなわち変形抵抗性を確保する要因として，ゴム入り乳剤の塗布量を増やす，あるいは改質乳剤を使うことによる「表・基層の付着性」と「遮水性の改善」による効果と報告しています[1]．

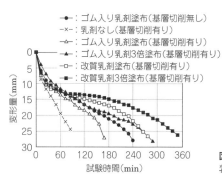

図-9.9.4
乳剤の種類と量における影響[1]

4）影響を及ぼす要因

これまでに述べた内容から，排水性舗装の側方流動に対して，①基層用混合物の流動抵抗性が大きな影響を与え，②表・基層の付着性，③表・基層界面の遮水性改善が排水性舗装の耐久性向上に効果があるといえます．

（3）補修時の留意点と対策

1）現状の補修断面と対応

排水性舗装の補修に関する実態は，先述したように基層の剥離抵抗性が原因による早期破損を防止するため，現状の直轄工事では表層および基層の切

9章　各種の舗装

削オーバーレイを実施しています[1]．この場合，路線の舗装計画交通量を把握し，必要に応じて基層混合物に耐流動対策を施します．これにより，排水性舗装が供用された当初に比べ，早期破壊が発生する頻度は減少していると報告されています[1]．

しかし，今後の道路建設予算と直轄国道の維持管理にコスト縮減を組み込んでいることを考慮すると，既存の基層を施工基盤とした1層切削オーバーレイ施工による排水性舗装に対する対応も考慮しておくのがベターといえます．

2）1層切削オーバーレイ施工による排水性舗装の留意点

既設のポーラスアスファルト混合物層のみの切削オーバーレイを施工する補修工事の留意点を下記に示しますが，すでに「舗装技術の質疑応答」第9巻「7－4　排水性舗装の下層の防水性」にまとめられていますので，詳細はそちらを参照してください．

① 切削した路面を慎重に観察し，必要に応じてクラック抑制シートの敷設や切削深さを深くする対策が必要です．

② 既設の基層混合物について，事前に修正ロットマン試験で基層混合物の剥離抵抗性を評価する必要があります．

③ 補修時だけでなく新設時でも，基層(不透水層)用混合物の剥離抵抗性を確保するために混合物に使用する骨材の静的剥離率は25％以下が望ましいと報告しています．

修正ロットマン試験で既設の基層の剥離抵抗性を評価した事例として国道8号の舗装修繕工事があります．この工事では事前に現場から採取した切取り供試体で試験を行い，圧裂強度比が0.7未満の箇所について排水対策や表層混合物の変更を検討しています[7]．

3）1層切削オーバーレイ施工による排水性舗装への対応

基層の剥離抵抗性や耐久性に問題がない場合，1.(2)4)で示した舗装の耐久性向上の要因である，②表・基層の付着性，③表・基層界面の遮水性改善に対応できる乳剤の選択および塗布量の選定等が必要といえます．また，この2つの要因を活かした遮水型排水性舗装工法の適用も対策の1つといえます．本工法で施工した現場の追跡調査結果では，供用後の経過年数が最大3年の現場でも路面性状や各種性能(遮水，付着，透水等)とも良好な状態を

151

9章 各種の舗装

維持していると報告されています[8].

　排水性舗装は表層にポーラスアスファルト混合物層を用い，排水機能層の下の層は雨水が浸透しない不透水性の層を設けると定義されています．補修工事に限らず新設工事でも供用後の破損を防止するためには，慎重な施工基盤の調査，適切な材料の選定と混合物の配合設計および入念な現場施工で舗装を築造することが必要といえます．

（世紀東急工業㈱　松田　敏昭・2013年12月号）

〔参 考 文 献〕
1）綾部孝之，佐々木巌，久保和幸：排水性舗装の破損特性およびリサイクルについて，舗装，pp.16～19(2007.3)
2）大井　明，加藤　亮，勝　敏行，徳光克也，高橋光彦：基層の遮水性を考慮した高機能舗装の再生技術に関する検討，道路建設，p.72　(2012.3)
3）布施浩司，熊谷政行，安倍隆二：積雪寒冷地域における低騒音舗装に関する検討，国土交通省北海道開発局第55回(平成23年度)北海道開発技術研究発表会，p. 1 (2012.2)
4）藤井政人，鎌田　修，久保和幸：排水性舗装の側方流動破壊の発生に関する調査報告，北陸道路舗装会議論文集，p.18(2006.6)
5）岩崎洋一郎：高速道路における舗装技術,第二期「舗装特別講義」，p. 2 (2004.5)
6）東日本・中日本・西日本高速道路㈱：設計要領　第 1 集　舗装編，p.52(2013.7)
7）早川　博，阿部義孝，山本貴司：排水性舗装施工箇所における側方流動わだちについて，平成19年度北陸地方整備局管内事業研究会，pp. 3 ～ 4 (2007.9)
8）伊藤春彦，水野　渉，本間　悟，浅野耕司：遮水型排水性舗装工法への取組み，舗装，pp.16～17(2008.6)

10章　施工と機械

10-1　高温のアスファルト混合物製造時の留意点

key word　アスファルトプラント，バグフィルタ，ろ布，バーナ，吸気ダンパ，グースアスファルト混合物

> **Q**　高耐久な改質バインダを使用する場合やグースアスファルトを出荷する場合，アスファルト混合物の混合温度がかなり高くなります．この場合，アスファルトプラントのバグフィルタのろ布が燃えてしまうことはないでしょうか．

A　**はじめに**

　近年高耐久なポリマー改質アスファルトなど粘度の高いアスファルトが使われ始めていますが，改質アスファルト混合物の製造においてバグフィルタのろ布が燃えてしまうことはまずないでしょう．留意しなければならないのは，ご質問にあるようにグースアスファルト混合物など特に高温で製造する必要のある混合物の場合です．

1．バグフィルタの耐熱温度

　アスファルトプラントのバグフィルタのろ布は，一般的には耐熱ナイロンが使われています．メーカーの資料をみると，耐熱ナイロンは常用最高温

153

10章　施工と機械

度で180〜200℃，瞬間最高使用温度で220℃となっています[1]．したがって，一次集塵機からの排気ガスの温度が，これを超えるような場合には何らかの対策が必要になります．

2．アスファルト混合物の製造温度

　現在使用されているポリマー改質アスファルトには，塑性変形抵抗性が求められる大型車交通量の大きさに応じて，II型，III型の順で適用されています（I型は，一般的には耐摩耗対策）．また，橋面舗装のように剥離抵抗性が求められる用途に対してはIII型-W（Water-resistance）や可撓性を付与して疲労抵抗性を向上させたIII型-WF（Flexibility）があり，コンクリート床版上および鋼床版上の橋面舗装などに適用されています．また，ポーラスアスファルトにはH型などが使われています[2]．

　これらのポリマー改質アスファルトを使用したアスファルト混合物の最適混合温度は，アスファルト材料ごとに試験表に記載されており，それに準じることになりますが，一般的に170〜180℃程度です．このような混合温度を確保するには骨材の加熱温度で調整します．この場合，骨材温度を最適混合温度＋5〜10℃まで加熱します．すなわち，骨材温度を175〜190℃程度まで

表-10.1.1　バグフィルタの素材一覧

素材	常用最高温度	瞬間最高使用温度	耐酸性	耐アルカリ性	備考
ポリプロピレン	90℃	110℃	◎	◎	耐薬品性は極めて高い．酸化還元剤に対しては問題有り．
ナイロン	90℃	110℃	△	○	鋳物砂やセメント関係など摩耗性の強いダストの集塵に多く使用される．
アクリル	120℃	140℃	○	○	耐湿熱性に優れ，化成肥料，石炭調湿等の現場で多く使用される．
ポリエステル	130℃	140℃	○	△	活用範囲が広く，最も汎用的な素材．高温多湿の雰囲気で加水分解を起こすので，注意が必要．
PPS	170℃	190℃	◎	◎	耐薬品性に極めて優れ，石炭，バイオマスボイラで多数実績有り．
耐熱ナイロン	180〜200℃	220℃	△	○	アスファルトプラント，キューポラ炉など，燃焼ガス集塵現場で多くの実績有り．ただし，酸性雰囲気での使用には注意が必要．
ポリイミド	200〜210℃	220℃	○	△	集塵効率が高く，製鉄，セメントの煙道集塵で多くの実績有り．
PTFE	230〜250℃	270℃	◎	◎	耐薬品性が極めて安定しており，都市ごみ・産廃焼却炉で多数の実績有り．
ガラス	230〜250℃	280℃	○	△	都市ごみ焼却炉，電気炉，カーボンブラック捕集等多数の実績有り．

10章 施工と機械

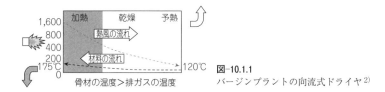

図-10.1.1 バージンプラントの向流式ドライヤ[2]

上げることになります.前述のようにバグフィルタのろ布は,常用最高温度で180〜200℃ですので特に問題はないものと思います.

一方,グースアスファルト混合物の場合は,クッカ車の負荷を減らすためにプラントの練落とし温度で210〜220℃程度を目標とします(クッカ車によるクッキング後の排出温度は,240℃程度が目標).一般的には,石粉は常温で入れますが,グースアスファルト混合物の場合は石粉の添加量が20%以上になることもあり,混合物温度の低下を招きます.したがって,骨材温度を十分に上げておく必要があり,骨材の加熱温度を280℃(夏期)〜320℃(冬期)くらいに設定します.通常,この温度は,バグフィルタのろ布の瞬間最大使用温度の220℃を超えており,何らかの対策が必要になります.

なお,実際には,バージンプラントの場合,加熱骨材の温度が,そのままバグフィルタに流入する排気ガスの温度にはならず(図-10.1.1),排ガスの温度は170〜180℃程度に収まる場合が多いと思います.グース等の高温の混合物を長期的に連続出荷する場合やリサイクルプラントの排ガスを併用で処理する場合は,リサイクル材を加熱した排気ガスにアスファルト微粒分が含まれていることがあるので対策が必要になります.

3. 対 策 例

一般的なバッチ式アスファルトプラントの構成は,図-10.1.2のようになっています[3].先ほどポリマー改質アスファルトの場合は,バグフィルタのろ布が燃える心配はないと述べましたが,通常の改質アスファルト混合物を混合する場合でも一次集塵機からの排気ガスの温度に対して,ろ布の耐熱温度はそれほど余裕があるわけではありません.また,逆に排ガス温度が急に低くなると排ガス中の含有水分が結露してろ布の機能を失ってしまうことがあります[4].このためアスファルトプラントでは,集塵機の各所に温度センサを設置して,これによりドライヤのバーナを制御して集塵機に送られる排気

10章　施工と機械

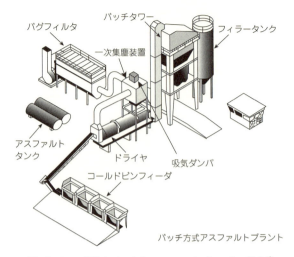

図-10.1.2　一般的なバッチ式アスファルトプラントの構成[2]

ガスの温度を調整しています．グースアスファルト混合物の製造時は，先に述べたように特に排気ガスが高温になるため，一例として以下に述べるような対策が必要になります．

3-1　バーナの調整

　グースアスファルト混合物の製造は，石粉の計量重量が多いことから1バッチ当たりの混合量がプラントの公称能力よりも少なくなること，1バッチ当たりのサイクルタイムが一般混合物の2倍程度と長いことなどの理由から，骨材の送り量をプラントの出荷能力の半分程度に下げざるを得なくなります．しかし，骨材の送り量を減らせば，ドライヤのバーナを絞ることができ，発生する総熱量を減らすことができます．このようにして加熱骨材温度と排ガス温度のバランス(骨材温度は高く，排ガス温度は低く)を保てる送り量をつかみ，混合物を製造します．

3-2　吸気ダンパの設置

　骨材の送り量を減らすことでバーナの出力を調整するだけでは，十分に排気ガスの温度を下げることができない場合もあります．この場合，一次集塵機から二次集塵機(バグフィルタ)間の煙道に300×300～600×600 mm 程度の開口を設け，吸気ダンパ(ダンパ：**Damper** とは，空気調和設備等において，ダクトの中間に取り付け，風量等を調節する装置)を取り付けます．最近の

10章　施工と機械

写真-10.1.1　一次集塵機の上に取り付けられた吸気ダンパの例

アスファルトプラントでは，この吸気ダンパが一次集塵機の上部に取り付けられている場合が多いようです．後からプラントに取り付ける場合は，機械加工および制御回路の追加が必要になってきます．

通常，一次集塵機の排気ガス温度をセンサで測定し，所定の温度以上になった場合は，自動的に吸気ダンパを開いて外気を煙道に取り込み，バグフィルタに流入する排気ガスの温度をろ布が燃えない温度まで下げます．吸気ダンパの一例を**写真-10.1.1**に示します．

なお，実際には一次集塵機から排出される排ガスの温度対策は，先のドライヤのバーナの調整と吸気ダンパを併用して行っています．これらの対策によってバグフィルタのろ布が燃えてしまうというようなことはほとんどありません．

（山﨑　泰生・2013年12月号）

〔参考文献〕
1)（株）東洋紡カンキョーテクノHP　【素材一覧表】，http://www.kankyotec.toyobo.co.jp/products/fb.html
2) 鈴木とおる：舗装の性能向上に貢献するポリマー改質アスファルト，第90回アスファルトゼミナール発表資料(2012.3)
3) 福川光男：講座　舗装技術者のための建設機械の知識，第13回　アスファルトプラント(1)，舗装(2008.1)
4) 福川光男：講座　舗装技術者のための建設機械の知識，第15回　アスファルトプラント(3)，舗装(2008.3)

10章　施工と機械

10-2　オフロード法とは

key word　オフロード法，施工機械，排出ガス，特定特殊自動車，適合基準

> **Q**　「オフロード法」によって生産中止となる建設機械（重機）があると聞きました．オフロード法とはどのような法律ですか．また，なぜ生産中止となる施工機械（重機）があるのですか．

A　**はじめに**

　オフロード法とは，公道を走行する自動車・トラック以外のエンジン付き車両および産業機械の排出ガスを規定したもので，正式には「特定特殊自動車排出ガスの規制等に関する法律」を指す通称です(以下，オフロード法)．この法律は，公道を走行しない特定特殊自動車の排出ガスを規制することにより，大気汚染の防止を図り，国民の健康を保護するとともに生活環境を保全することを目的に2006年4月1日に施行されました．

1．オフロード法とは

　ここで言う特定特殊自動車(以下，オフロード車両)とは，公道を走行しない特殊な構造の車両のことで，公道を走行するトラック等と違い，エンジンが高負荷かつ高回転で連続使用される頻度が高いことが特徴です．具体的には油圧ショベル，ブルドーザ，タイヤローラ，グレーダ，アスファルトフィニッシャなどの建設機械，フォークリフトなどの産業機械，農耕トラクタ，コンバインなどの農業機械が挙げられます．ただし，当初のオフロード法の規制の対象となる車両はエンジンの定格出力が19 kW 以上560 kW 未満のものです．つまり，19 kW 未満，あるいは560 kW 以上のものは対象とはなりませんでした．また，オフロード法は2006年10月以降に製造された車両に適用されるため，2006年9月30日以前に製造された車両はオフロード法の規制を受けずに使い続けることができます．

　一方，2006年3月に開始された国交省排ガス3次規制という制度があります．正式名称は「国土交通省排出ガス対策型建設機械指定制度 第3次基準値」です．こちらはオフロード法では対象外の8 kW〜19 kW 未満の建設機械も対象に含まれます．オフロード法と3次規制の基準値は同じですので，

158

10 章　施工と機械

表-**10.2.1**　ディーゼル特殊自動車の改正前（2006年規制）と改正後（2011年規制）排出ガス基準値比較表[2]

定格出力	一酸化炭素(CO)		非メタン炭化水素(NMHC)		窒素酸化物(NOx)		粒子状物質(PM)		ディーゼル黒煙	
	改正前	改正後	改正前	改正後	改正前	改正後	改正前	改正後	改正前	改正後
19 kW以上 37 kW未満 のもの	5.00 (6.50)	5.0 (6.5)	1.00 (1.33)	0.7 (0.9) ▲30%	6.00 (7.98)	4.0 (5.3) ▲33%	0.40 (0.53)	0.03 (0.04) ▲93%	40%	25%
37 kW以上 56 kW未満 のもの	5.00 (6.50)	5.0 (6.5)	0.70 (0.93)	0.7 (0.9)	4.00 (5.32)	4.0 (5.3)	0.30 (0.40)	0.025 (0.033) ▲92%	35%	25%
56 kW以上 75 kW未満 のもの	5.00 (6.50)	5.0 (6.5)	0.70 (0.93)	0.19 (0.25) ▲73%	4.00 (5.32)	3.3 (4.4) ▲18%	0.25 (0.33)	0.02 (0.03) ▲92%	30%	25%
75 kW以上 130 kW未満 のもの	5.00 (6.50)	5.0 (6.5)	0.40 (0.53)	0.19 (0.25) ▲53%	3.60 (4.79)	3.3 (4.4) ▲8%	0.20 (0.27)	0.02 (0.03) ▲90%	25%	←
130 kW以上 560 kW未満 のもの	3.50 (4.55)	3.5 (4.6)	0.40 (0.53)	0.19 (0.25) ▲53%	3.60 (4.79)	2.0 (2.7) ▲44%	0.17 (0.23)	0.02 (0.03) ▲88%	25%	←

注1．現行及び改正案欄中の値は平均値を表し，括弧内の値は上限値を表す.
　2．CO, NMHC, NOx, PMの単位はg/kWhである.
　3．規制値（CO, NMHC, NOx, PM）は，ディーゼル特殊自動車8モード法及びNRTCモード法によるもの.
　4．規制値（ディーゼル黒煙）は，ディーゼル特殊自動車8モード法及び無負荷急加速黒煙の測定法によるもの.
　5．表中の▲の数字は，現行の平均値規制値からの低減率を示す.
　6．NMHC欄の現行規制は炭化水素（今回改正で炭化水素からNMHCに変更）.

　オフロード法で認定されると3次規制適合車としても指定を受けることが可能になります.

　なお，オフロード法は2011年に規制が強化されました. その背景には，一般自動車の排出ガス規制の更なる強化に伴いオフロード車両も規制を強化しなければオフロード車両が占める排出ガスの割合が高まっていくことが推測されることと，国際的な排出ガス規制強化，基準類の統一化への対応が必要と判断されたからです. この2011年規制は通称「暫定4次基準」と呼ばれる規制に相当し，エンジン出力の違いにより基準値に違いはありますが，2006年基準値に対して**NOx**で約1/2，**PM**で約1/10に削減するといった非常に厳しい内容となっています（**表-10.2.1**）. 2014年からはさらに強化され（2014年規制），これは通称「最終4次基準」と呼ばれる規制に相当し，2006年基準値に対して**NOx**を約1/10まで削減することを目指しています.

　図-10.2.1は排出ガス基準とオフロード法およびその他の制度との関係を図示したものです. 1991年に施行された排ガス1次基準から2次，3次，そして4次へと基準が強化されていく経過がよく分かります.

　表-10.2.2は2011年規制の出力別の規制開始時期を示したものです. 出

159

10章 施工と機械

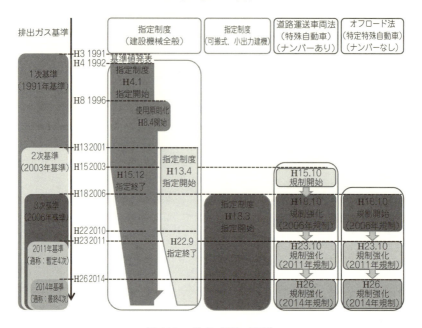

図-10.2.1 排ガス規制の経緯[3]

表-10.2.2 2011年規制適用開始時期[2]

力92 kWのモータグレーダ(3.1 mクラス)を例にとると，この車両は表の「75 kW 以上130 kW 未満」のカテゴリに属しますから，2012年10月から新型車両は規制の適用を受けることになります．ただし，経過処置が13か月間ありますので，2013年11月末までは2011年規制適用前，つまり2006年規制適合の車体を生産することが可能でしたが，それ以降の生産は認められません．

160

10章　施工と機械

2．生産中止になる建設機械

「オフロード法によって生産中止となる建設機械があると聞きました」と質問にありますが，オフロード法自体が特定のオフロード車両の生産を抑制しているわけではありません．しかしながら然るべき出力のオフロード車両はすべて規制の対象となりますので，上記のグレーダのように2011年規制に適合していない車両は経過措置期間が終了した時点で継続した生産ができなくなります．ユーザーの感覚としては「規制に適合した新型車両を開発して販売すればよいのでは？」と思いますが，前述の2014年から始まる「最終4次」の前に，あえて「暫定4次」という3年の移行期間を設けたのは，技術的な難易度が高く，建機メーカーでの開発が追いつかないとの裏事情があったから，などと言われているように，新たな排ガス規制適合車を開発することは費用面，マンパワーの面からメーカーにとって多大な負担を強いることになるようです．そのような状況下においてメーカーの選択肢として，新型車両を市場に投入しても製造が可能な期間が短い，または研究開発費等の回収が難しい車両の開発は行わない，あるいは開発を後回しにすることは想像に難くありません．したがってメーカーの判断により，ある規制の適用時期を契機に生産を完了し，規制適合車両を開発しないままの状態になっている機種があるため，ユーザーの視点からは生産中止と見なされることになるわけです．メーカーによれば，2011年規制適合の車両は開発せず2014年規制適合車両を市場投入する予定の車両もあるようですが，メーカーの判断は景気により左右される要素が大きいので現時点では予断を許しません．

図-10.2.2はオフロード法によるエンジンメーカー，車両メーカー，ユーザー

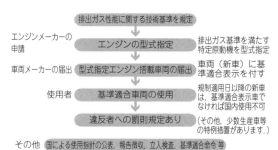

図-10.2.2
オフロード法の規制の枠組み[2]

10章　施工と機械

がかかわる規制の枠組みを示したもので，われわれユーザーは「規制適用日以降の新車は，基準適合車でなければ国内使用不可」であることを認識しておく必要があります．また，ユーザーには，適合基準を維持するためにエンジンオイルやエアフィルタの管理など，日ごろの点検整備の義務が課されます．また，燃料は必ずメーカー指定の適正な軽油を使用することは言うまでもありません．

　前述のとおり，オフロード法は，規制開始後に製造される機械(新車)に対して適用されます．したがって，規制開始前(2006年9月30日以前)に製造された機械を使用することや中古車として販売・購入すること，レンタル機として使用することに問題はありません．

(鹿島道路(株)　山口　達也・2013年12月号)

〔参 考 文 献〕
1）環境省・経済産業省・国土交通省：「オフロード車の排出ガス規制が始まります.」(法規制開始時パンフレット)
2）環境省・経済産業省・国土交通省：「平成22年特定特殊自動車排出ガスの規制等に関する法律施行規則等一部改正について　軽油を燃料とするオフロード特殊自動車の排ガス規制が強化されます.」(パンフレット)
3）酒井重工業(株)，「排ガス規制の経緯」，SAKAI news 第92号(2013.4.10)

10-3　振動機構付きのタイヤローラ

key word　振動タイヤローラ，車両重量制限値，締固め，ニーディング，すべり抵抗

> **Q** 振動機構付きのタイヤローラがあると聞きましたが，どのような用途で使用するのでしょうか.

A 　振動機構付きタイヤローラ(以下，振動タイヤローラ)は，25t級タイヤローラが抱えていた需要減少と，道路法における車両重量制限値(20t)以上という課題を解決した，25t級タイヤローラ相当として活用できる小型化された9t級のローラです[1].

　振動タイヤローラの締固めに関する特長として，振動力による25t級タイヤローラと同等以上の締固め効果と，タイヤが振動することによるニーディング効果の向上が挙げられます．振動タイヤローラはこのニーディング効果

10章　施工と機械

写真-10.3.1
振動タイヤローラによる
SMA施工状況

によりアスファルト混合物の骨材の噛合わせならびにアスファルトモルタルの充填効率を向上させ，路面を密に仕上げることが可能となります[2]．

また，施工時の騒音と振動の伝播を測定した結果では，騒音と振動ともにローラ側面から4.5m以上で「特定建設作業における規制基準」を満足しています[3]．さらに7～9t級のスチール製振動ローラと比較して大幅に低い数値を示しており，環境面でも振動タイヤローラの優れた特長が確認されています．

振動タイヤローラはこのような特長を活かして，25t級に代わるローラとして路床，路盤，表層の施工に幅広く使用されています．特に表層の施工では，通常の密粒アスファルト混合物のほか，ポーラス混合物，砕石マスチックアスファルト混合物，ゴムチップ入り混合物など特殊な混合物，さらに転圧コンクリート舗装の硬練りコンクリートの締固めなど多岐にわたって適用されています．

以下に振動タイヤローラの締固め性能を活かした適用例を示します．

①砕石マスチックアスファルト混合物(SMA)への適用

橋面舗装の基層に用いられるSMAは，床版を雨水の浸透から保護することを目的としていることから，高い水密性が要求されます．また，橋梁上の舗装はアスファルト混合物の温度低下が早いため，締固め能力の高いローラで締め固める必要があります．このSMAの締固めに振動タイヤローラを使用することにより，高いニーディング効果で舗装の表面を密に仕上げることができ，かつ水密性の高い層を形成します．

163

10章 施工と機械

写真-10.3.2
振動タイヤローラのみで
締め固めた路面

写真-10.3.3
鉄輪ローラのみで
締め固めた路面

②Superpave混合物への適用

主に北米で使用されるSuperpave混合物は，その配合上，施工時約80～100℃で流動性が高くなり，鉄輪ローラを使用するとクラックや押出しが生じやすくなります．振動タイヤローラはこの温度帯においても確実に締め固め，鉄輪で発生した軽度のクラックを解消する効果があることから，作業効率の向上に寄与します．

③転圧コンクリートや常温混合物への適用

転圧コンクリートや常温アスファルト混合物のような締固めが難しい材料では，鉄輪ローラを使用するとヘアクラックが発生しやすく，通常のタイヤローラを使用するとクラックは発生しないものの所定の密度を得られにくいため，振動タイヤローラが使われています．

10 章　施工と機械

④骨材が突出した高いすべり抵抗性を持つ路面形成

　自動車のスリップ低減や制動距離短縮などには，路面の粗度（舗装表面の粗さ）が影響します．振動タイヤローラのみを使用した例では，高いニーディング効果により骨材周囲のモルタル分が骨材間に押し込まれることで，骨材が突出して粗く，かつ密な路面を形成することができるため，すべり抵抗性の向上が期待されます（**写真‒10.3.2, 3** 参照）[2]．

（酒井重工業㈱　眞壁　淳・2016年1月号）

〔参考文献〕
1）木村公俊，後藤春樹，眞壁　淳：振動機構を装備したタイヤローラの締固め効果，舗装（2013.2）
2）金森康継，石田慎二，塩釜清貴：振動ローラによる **SMA** 等の締固めに関する一考察，第9回北陸道路舗装会議（2003）
3）後藤春樹，塩釜清貴，藤井政人：振動タイヤローラの騒音・振動特性について，平成19年度　建設機械シンポジウム（2007）

11章　品質管理・試験

11-1　弾性舗装の安全性評価法

key word　弾性舗装，安全性基準，HIC，衝撃吸収性能，EN，ASTM

> **Q**　公園の遊具下のゴムチップ弾性舗装の安全性評価に使用される
> HIC の数値の意味と測定方法について教えてください.

A　HICとは，Head Injury Criterion の頭文字を合わせたもので，頭部傷害基準と訳されています. 自動車，バイクなどの交通事故や高所からの転落事故などにより，頭部が受ける衝撃を数値化したものです. 主に自動車産業の安全評価基準の1つとして，ダミー人形の頭部への衝撃をHIC で計測し評価をしています. また，ヨーロッパやアメリカでは転落事故が起きる可能性がある遊び場や遊具施設周りの舗装の安全性基準としても採用されています. わが国では遊び場や遊具施設周りの舗装の安全性基準として，HIC を基準化していないので，ここではアメリカの安全性基準を参考にしながら，HIC の意味と遊具施設周りでの測定方法について説明します.

1．HICとは

HIC は，頭部が受ける衝撃を数値化したもので，この数値が大きくなるほど頭部への衝撃が大きいということになります. HIC は，以下の式(1)[1]

11章　品質管理・試験

で定義されています.

$$HIC = \left[\left\{\frac{1}{(t_2-t_1)}\int_{t_1}^{t_2}a(t)\ dt\right\}^{2.5}(t_2-t_1)\right]_{max} \quad \cdots\cdots\cdots\cdots (1)$$

ここに,

　a：加速度

　t_1：積分開始時間

　t_2：積分終端時間

　これは，衝突時の頭部の加速度aの時間変化より算出します．頭部への衝撃がHICの値で1,000未満ならば脳へ重大な損傷が発生する可能性はないとされています．

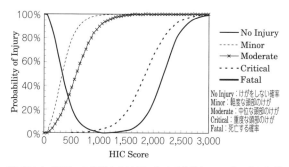

図-11.1.1　頭部への衝撃からけがになる可能性とHICとの相関図[1]

　図-11.1.1[1]は頭部への衝撃によるけがの可能性とHICとの関係を表したグラフです．縦軸はけがの可能性，横軸はHICを示しており，図中の曲線はけがの度合いおよびけがと死亡の確率を示しています．この図より，HICが大きくなるにつれてけがの可能性が高まり，HICが小さいときは軽度なけがが起こる可能性が高く，重度なけがが起こる可能性は低くなっています．そして，HICの値1,000では，頭部に衝撃があったときにけがが発生しない確率が0％となり，けがにより死亡する確率がここを起点に上がり始めます．つまりHICが1,000未満であれば，頭部に衝撃があるような事故が起こったとしてもけがをしないこともあり，また，けがをしたとしても，死亡するようなことはめったにないということです．そのため，HIC 1,000未満が1つの目安となっています．

167

11章　品質管理・試験

2．遊び場や遊具施設設置面におけるHICの利用

HICは，自動車産業の安全評価基準の１つとして広く採用されていますが，ヨーロッパやアメリカでは遊び場や遊具施設周りの安全性能基準としても採用されています．これは，滑り台や鉄棒といった遊具施設で遊ぶ子供が落下した場合，けがや障害から守るために大きな意味を持ちます．ヨーロッパでは1998年に欧州規格（EN），アメリカでは1999年に米国試験材料協会（ASTM）で，遊具施設周りの衝撃安全性やHICを測定するための試験方法といったものが基準化されました．

日本では，国土交通省が2002年３月に「都市公園における遊具の安全確保に関する指針」を策定し，その後2008年８月に「都市公園における遊具の安全確保に関する指針（改訂版）」[2]を策定しました．この指針は，遊び場や遊具の安全確保に関する基本的な考え方に始まり，遊び場の計画・設計，遊具の製造・施工や維持管理までの幅広い内容となっています．遊具設置面については，必要に応じて砂やウッドチップ，ラバーなどの衝撃吸収材の使用を検討すること，遊具の落下高さに見合った衝撃吸収性能を有する素材を選定し敷設することが望ましいこと，また，設置面の衝撃吸収性能を評価する場合は参考値として落下時の最大加速度（以下，G_{max}）および頭部障害値（HIC）を計測することが望ましいとしています．

3．遊び場や遊具設置面におけるHICの測定方法

遊び場や遊具設置面の衝撃吸収性能の評価におけるHICの測定方法につ

写真-11.1.1　試験機の例

写真-11.1.2　落下錘の例

168

11章 品質管理・試験

いて，欧米では EN や ASTM によって基準化されていますが，日本では基準が未整備であり，明確な試験方法はまだありません．ですから，ここではASTM F-1292 : 04[3]を参考に試験方法を説明します．

(1) 試験機

遊び場や遊具設置面の HIC を測定するための試験機を**写真-11.1.1**に示します．これは落下錘，コントローラ，三脚より構成されており，任意の高さから対象物に向けて落下錘を自由落下させます．

写真-11.1.2に示した落下錘は人間の頭部を模したもので，質量4.6±0.02 kg，直径160±2 mmの半球状です．その中には三軸の加速度センサを内蔵しており，落下時の加速度を計測します．計測された加速度は接続されたコントローラによって瞬時にG_{max}と HIC が算出されます．

(2) 測定方法

測定には，室内で衝撃吸収材の設計や性能を確認する室内試験と現場施工後に所定の性能を有しているかについて確認する現場試験があります．

室内試験では，ゴムチップなど施工を計画している衝撃吸収材で供試体を作製し，基準温度で8時間以上養生した後，落下錘を3回落下させ，2回目と3回目の値の平均を測定値とします．このときの基準温度は，25，72，120°F（約−4，22，49℃）となっています．そして，性能基準であるG_{max}＜200 G かつ HIC＜1,000の上限になるまで，落下高さ（1 ft ごと）を上げながら測定します．**図-11.1.2**に測定結果の一例を示します．この場合，落下高さが 7 ft（約210 cm）のときに HIC が1,000を超えているので，この測定結果では落下高さが 6 ft 以内であれば性能基準を満足するということになり，落下高さが 6 ft 以内の遊具を設置することができます．一般的にゴムチップなど

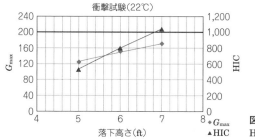

図-11.1.2　HIC 測定結果の一例

169

11 章　品質管理・試験

の衝撃吸収材は厚さを厚くすると衝撃吸収性能が高まりますので，設置する遊具の落下高さに合わせて衝撃吸収材の性能や厚さなどを設計することができます．

　現場試験では，設置された衝撃吸収材が設計どおりの衝撃吸収性能を有しているかについて現地で測定します．1 施工箇所のうち，最低 3 か所で測定し所定の性能であるかどうかについて確認します．

4．今後の課題

　日本では，HIC を使用した遊び場や遊具設置面の衝撃吸収性能の評価方法は基準化されていないので，日本国内で HIC を測定する場合は EN や ASTM を参考にすることとなります．しかし，欧米と日本では風土，環境が違うため，必ずしも同じ結果を得られるとは限りません．今後は，EN や ASTM をお手本としながらも，日本の環境に合った方法を検討する必要があると考えます．

（㈱ NIPPO　及川　義貴・2014 年 1 月号）

〔参考文献〕
1）中野正博，松浦弘幸，玉川雅章，山中　真，行政　徹：頭部損傷基準値(HIC)の理論的分析，バイオメデイカル・ファジィ・システム学会誌，Vol.12，No 2，pp.57〜63(2010.9)
2）国土交通省：都市公園における遊具の安全確保に関する指針(改訂版)，2008 年 8 月
3）ASTM F-1292:04 Standard Specification Impact Attenuation of Surfacing Materials within the Use Zone of Playground Equipment

11-2　水浸ホイールトラッキング試験に用いる模擬路盤

key word　水浸ホイールトラッキング試験，模擬路盤，ポーラスコンクリート，剥離率，TPT

Q　水浸ホイールトラッキング試験で用いる模擬路盤についてお尋ねします．「舗装調査・試験法便覧」では，模擬路盤について形状のみが規定されていますが，模擬路盤の材質等の規定があれば教えてください．

11章　品質管理・試験

A ご質問のとおり，現行の「舗装調査・試験法便覧」では，模擬路盤について「下面からの水の浸透を対象とする場合に使用するものとし，形状300×300×50mm または大型の500×300×50mm のもの」としか規定されていません．

このような状況を踏まえ，つくば舗装技術交流会(**TPT**)では，「剥離評価に関する調査検討 **WG**」(以下，WG)において水浸ホイールトラッキング試験の精度向上を目的に活動を行いました．その中で，模擬路盤に関する検討も行われていましたので，その内容について以下で紹介します．

まず，WG に参画した10機関の模擬路盤に関する実態調査を行った結果，いずれも材質と厚さは同様であったものの，最大粒径や空隙率は様々なものを使用していることが判明しました(**表-11.2.1**)．

そこで，WG では試験の再現性等も考慮し，2次製品も含め種々の検討を重ねた結果，以下のような仕様とすることで，測定値のばらつきを少なくできることを確認しています(**表-11.2..2**)．

材 質	最大粒径(mm)	空隙率(%)	厚さ(mm)
ポーラスコンクリート	5 or 13	15 ～ 27	50

表-11.2.1
模擬路盤の実態調査結果

材 質	最大粒径(mm)	空隙率(%)	厚さ(mm)
ポーラスコンクリート	5	25 程度	50

表-11.2.2
模擬路盤の仕様

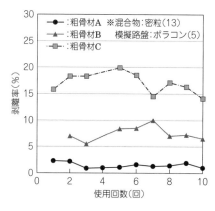

図-11.2.1
繰返し使用回数と剥離率の関係

171

11 章　品質管理・試験

また，同 WG では模擬路盤の繰返し使用回数についても検討を行っており，10回程度の繰返し使用であれば，ポーラスコンクリートを模擬路盤として利用しても，剥離率に与える影響はないとの結果も示されています．

(五伝木　一・2015年 1 月号)

〔参 考 文 献〕
1)(社)日本道路協会：舗装調査・試験法便覧，B004 水浸ホイールトラッキング試験方法，p.[3]-57
　(2007.6)
2)つくば舗装技術交流会：剥離評価に関する調査検討，TPT Report No.11，p.1(2011.12)

11 - 3　修正 CBR 試験の突固め回数

key word　修正 CBR 試験，突固め回数，路盤材料，最適含水比，最大乾燥密度，締固め
仕事量

Q　入社して初めての現場において，粒度調整砕石を使いました．その際に砕石工場から修正 CBR の報告書をもらいました．これを読むと，修正 CBR は，突固め回数が 17 回，42 回，92 回となっていますが，なぜこの回数なのでしょうか．

A　修正CBR値について
　まず，修正CBR試験とは，路床材料や路盤材料の評価や選定のために用いるCBRを求めるための試験です．修正 CBR 値は，土工あるいは路盤工を行う場合に，現場の土質，施工法，特に締固めの方法などを考慮し，現場で目標とする締固め度に相当する CBR を定義しています．すなわち，修正 CBR は，現場で期待する CBR の値といえます[1]．
突固め回数について
　突固めによって土を締め固めて，その土の最適含水比(ω_{opt})と最大乾燥密度(γ_{dmax})を求める現在の標準的突固め方法は，**表-11.3.1**に示すとおりです．
　これは，1990年 6 月に改正された JIS A 1210によるものです．歴史を紐解きます[1]と，JIS A 1210は1950年に制定されています．そのときは，2.5kg ランマ，10cm モールド，25回／層× 3 層の 1 種類だけでした．その後，世

172

11章　品質管理・試験

突固め方法の呼び名	ランマ質量(kg)	モールド内径(cm)	突固め層数	1層当たりの突固め回数	許容最大粒径(mm)
A	2.5	10	3	25	19
B	2.5	15	3	55	37.5
C	4.5	10	5	25	19
D	4.5	15	5	55	19
E	4.5	15	3	92	37.5

表-11.3.1
現在の突固め方法

界的にも用いられている標準プロクター法と重エネルギー法の2種類の突固め方法を第1方法と第2方法として統合し，1970年に同 JIS が改正されました．これが，**表-11.3.2**に示す11種類の方法です．

表-11.3.2　1970 年当時の突固め方法の種類

突固め方法	呼び名	ランマ質量(kg)	モールド内径(cm)	突固め層数	1層当たりの突固め回数	許容最大粒径※(mm)
第 1	1.1	2.5	10	3	25	4.76
	1.2	2.5	10	3	25	12.7
	1.3	2.5	10	3	25	19.1
	1.4	2.5	10	3	25	25.4
	1.5	2.5	15	3	55	4.76
	1.6	2.5	15	3	55	19.1
第 2	2.1	4.5	10	5	25	4.76
	2.2	4.5	10	5	25	19.1
	2.3	4.5	15	5	55	4.76
	2.4	4.5	15	5	55	19.1
	2.5	4.5	15	3	92	38.1

※ 許容最大粒径の数値は当時のふるい目の寸法表記

ここで，問題の路盤材料の修正 CBR ですが，これは第2方法に従って ω_{opt} と γ_{dmax} を求めます．世界的には，最大粒径の許容値は19.1mmでしたが，日本では38.1mm としました．このため, 高さ12.5cm＝125mm のモールドでは，37.5mm は125÷37.5＝3.33··· となりますので，世界標準である5層55回の代わりである突固め方法第2の「2.5」を用いることとなりました．これが92回の基本的な理由です．

では，なぜ55回／層×5層なのか．という疑問にたどり着きますが，これは，従来，現場施工において得られる乾燥密度が，対象とする試料の許容最大粒径19mmを用いた55回／層×5層の場合に近い値であることが経験的に知られていたためです．

173

11 章　品質管理・試験

　92回／層×3層とした根拠ですが，下記式に示す Proctor によって定義された締固め仕事量が，5層55回／層と3層92回／層とでほぼ同等であるためです[1),3)].

$$E_c = \frac{W_R \cdot H \cdot N_B \cdot N_L}{V} (\text{kJ/m}^3)$$

ここに，　E_c：締固め仕事量

　　　　　W_R：ランマの重量(kN)

　　　　　H：ランマの落下高さ(m)

　　　　　N_B：層あたりの突固め回数

　　　　　N_L：層の数

　　　　　V：モールドの容積(締め固めた供試体の体積)(m^3)

　つまり，この式において，回数を55と92，層数を5層と3層とに変えた等式を解くと，

$$\frac{4.5 \times 45 \times 55 \times 5}{V} = \frac{4.5 \times 45 \times n \times 3}{V}$$

から，$n = 91.666\cdots$ となり92回が求められます．

　では，42回と17回は？となりますが，同様に**表-11.3.2**の方法における呼び名「2.4」法において，修正 CBR は，5層10回，5層25回および5層55回となっていました．これらを先ほどと同様にエネルギー換算すると，それぞれ17回と42回が求められます．なお，そもそもの10回と25回はどのようにして定められたかは，残念ながら当時の方に聞くことができなかったため，不明です．筆者の推測ですが，55回の半分，さらに半分程度の切りのよい回数として決めたのではないでしょうか．

　また，今回のご質問内容とは話がそれますが，設計 CBR を求める際の3層67回／層に関しては『舗装技術の質疑応答　第10巻(p.211)』により詳しく解説してありますのでそちらを参考にしてください．

（村上　浩・2015年1月号）

〔**参 考 文 献**〕
1)（社）地盤工学会：地盤材料試験の方法と解説(2011)
2)（社）日本道路協会：舗装調査・試験法便覧(2007)
3)三木五三郎：修正CBRと設計CBRを求めるときの試料の突固め回数，土と基礎，19(4)(1971)

11-4　ホイールトラッキング試験結果の捉え方

key word　ホイールトラッキング試験，動的安定度，塑性変形抵抗性，変形量

> **Q**　動的安定度で1,000と2,000は違うけれど，5,000と10,000はそれほど違わないと習いましたが，よく理解できていません．具体的に説明してください．

A　動的安定度とは，塑性変形抵抗性を評価する指標です．ホイールトラッキング試験により得られるもので，図-11.4.1および式(1)により求められます．

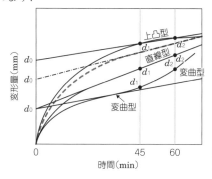

図-11.4.1　変形量と試験時間の関係

$$DS = 42 \times \frac{t_2 - t_1}{d_2 - d_1} \times C_1 \times C_2 \quad \cdots\cdots\cdots\cdots (1)$$

ここに，DS：動的安定度（回/mm）

d_1：t_1（標準的には45分）における変形量（mm）

d_2：t_2（標準的には60分）における変形量（mm）

C_1：試験機による補正係数

　　クランク（変速駆動型）：1.0

　　チェーン（低速駆動型）：1.5

C_2：室内で作製した供試体（幅300mm）を使用した場合の補正係数
　　＝1.0

C_2：現場からの切出し供試体（幅150mm）を使用した場合の補正係数＝0.8

11 章　品質管理・試験

つまり，動的安定度とは試験時間45分から60分までの間に，アスファルト混合物が沈下した量（変形量）により求められます．

そこで，動的安定度1,000回/mm と2,000(2,030)回/mm の試験時間45分から60分までの変形量を比較すると，それぞれ0.63mm と0.31mmであり，0.32mm の差があります．

一方，5,000(5,250)回/mmと10,000(10,500)回/mmの変形量を比較すると，それぞれ0.12mmと0.06mm であり，その差はわずか0.06mm しかありません．0.06mm の厚さというと，感熱タイプのレシート程度ですので，試験誤差も考えますと，動的安定度がそれほど変わらないといってよいかと思われます．

参考までに，動的安定度が6,000回/mm を超えた場合の変形量と動的安定度の関係を**表-11.4.1**に示します．

表-11.4.1　動的安定度と変形量の関係（6,000 回/mm 以上）

動的安定度（回/mm）	6,300	7,000	7,880	9,000	10,500
変形量（mm）	0.10	0.09	0.08	0.07	0.06
動的安定度（回/mm）	12,600	15,750	21,000	31,500	63,000
変形量（mm）	0.05	0.04	0.03	0.02	0.01

一般的にホイールトラッキング試験機で評価できる範囲は，動的安定度で6,000回/mm 程度までと言われていますので，これより塑性変形抵抗性が高いアスファルト混合物を評価する際には，載荷荷重を大きくするか，あるいは走行速度を小さくするなどしてみてもよいでしょう．

（平岡　富雄・2015年 1 月号）

11-5　DF テスタで得られる動的摩擦係数の温度補正の必要性

key word　DF テスタ，動的摩擦係数，温度補正，路面温度，TPT

Q　振り子式スキッドレジスタンステスタによるすべり抵抗値には温度補正を施しますが，同種のゴムを用いている DF テスタの動的摩擦係数では温度補正が行われません．DF テスタでは温度による影響はないのでしょうか．

176

11章　品質管理・試験

A 　DFテスタによる動的摩擦係数の温度補正については，つくば舗装技術交流会(TPT)「すべり抵抗評価方法に関する検討WG」(以下，WG)で得られた見解について以下で紹介します．

WGでは，3種類の舗装路面(密粒，ポーラスアスファルト，コンクリート舗装)を対象に，DFテスタの測定方法に関する検討を行いました．温度補正に関する検討では，基準の路面温度を35℃とした場合，±10℃（路面温度25～45℃）の範囲では，動的摩擦係数の補正量は0.02程度と非常に小さいことや，同一地点における3回の測定値の標準偏差：0.015(9機関による20，40，60，80km/hの試験誤差の平均値)を踏まえると，温度補正の必要性はないという見解が述べられています．参考までに，9機関で密粒舗装を対象に測定した温度と動的摩擦係数の関係から，一次相関式 $Y=aX+b$ を求めた際の温度勾配 a を図-11.5.1に示しますが，この結果からも温度補正の必要性はないものと判断できるでしょう．

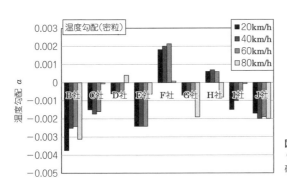

図-11.5.1
9機関による温度勾配の
確認結果（密粒舗装）

ただし，路面温度が極端に低い場合(10℃以下)や高い場合(55℃以上)の補正量は，0.04程度となることが確認されていることから，その際には影響を考慮する必要性もありそうです．

（五伝木　一・2015年1月号）

〔参考文献〕
1)(社)日本道路協会：舗装調査・試験法便覧, S021-3 回転式すべり抵抗測定器による動的摩擦抵抗の測定方法 p.[1]-98(2007.6)
2)つくば舗装技術交流会：すべり抵抗評価方法に関する検討, TPT Report No.6, p.35(2006.8)

11章 品質管理・試験

11-6 マーシャル供試体の突固め回数

 key word マーシャル安定度試験，突固め回数，大型車交通量，突固め仕事量，最適アスファルト量，わだち掘れ

 Q マーシャル供試体作製時の突固め回数において，50回と75回の設定があります．この違いについて教えてください．

A 表-11.6.1は，「舗装設計便覧」[1]に示されているマーシャル安定度試験に対する基準値です．

表—11.6.1 マーシャル安定度試験に対する基準値[1]

混合物の種類	突固め回数(回) N_7, N_6	突固め回数(回) $N_5 \sim N_1$	空隙率 (％)	飽和度 (％)	安定度 (kN)	フロー値 (1/100cm)
①粗粒度アスファルト混合物(20)	75	50	3～7	65～85	4.90以上	20～40
②密粒度アスファルト混合物(20, 13)			3～6	70～85	4.90[7.35]以上	
③細粒度アスファルト混合物(13)						
④密粒度ギャップアスファルト混合物(13)			3～7	65～85	4.90以上	
⑤密粒度アスファルト混合物(20F, 13F)	50		3～5	75～85		
⑥細粒度ギャップアスファルト混合物(13F)						
⑦細粒度アスファルト混合物(13F)			2～5	75～90	3.43以上	20～80
⑧密粒度ギャップアスファルト混合物(13F)			3～5	75～85	4.90以上	20～40
⑨開粒度アスファルト混合物(13)	75	50	—	—	3.43以上	
⑩ポーラスアスファルト混合物(20, 13)	50		—	—		

〔注〕
1. $N_7 \sim N_1$：交通量区分
2. 積雪寒冷地域で交通量区分N_7およびN_6の道路であっても，流動によるわだち掘れのおそれが少ないところにおいては突固め回数を50回とする．
3. 安定度の欄の［ ］内の値は，N_7およびN_6で突固め回数を75回とする場合の基準値
4. 水の影響を受けやすいと思われる混合物またはそのような箇所に舗設される混合物は，次式で求めた残留安定度が75％以上であることが望ましい．
残留安定度(％) = (60℃，48時間水浸後の安定度／安定度) × 100
5. 再生アスファルト混合所において製造した再生加熱アスファルト混合物にも同様の基準値を適用する．
6. ポーラスアスファルト混合物の設計アスファルト量の決定は，一般にマーシャル安定度試験によらないため，基準値を示していない．

この表によりますと，(20F)，(13F)およびポーラスアスファルト混合物を除くアスファルト混合物について，N_6交通以上の路線に用いられる配合設計では，マーシャル突固め回数を75回とすることが示されています．これは，道路の大型車交通量区分に応じた，流動によるわだち掘れを考慮しているためです．

178

11章　品質管理・試験

　耐流動性混合物の配合設計の一条件として，下記のことが述べられています[2]．

①粗骨材量が多く空隙率の大きい配合の混合物を用い，しかも施工時の密度をできるだけ高めることが必要である．

②バインダ量の選定に関しては，マーシャル特性値を満足する範囲内において下限値を選ぶ，あるいはマーシャル突固め回数を50回から75回にする必要がある．

　では，なぜ突固め回数を50回から75回にすると，流動によるわだち掘れ対策になるのかという疑問にたどり着くと思います．

　まず，マーシャル突固め回数を50回から75回とすることによって突固め仕事量が大きくなります．そのため，一般的には，配合設計における基準密度が上がるとともに，最適アスファルト量は少ない方向となり，その結果，耐流動性が向上します．

　したがって，ご質問にあるマーシャル突固め回数50回と75回の差は，マーシャル安定度試験において，道路の大型車交通量区分に応じ，より耐流動性に優れたアスファルト混合物を配合設計するための1つの手段であると考えられます．

　一方，積雪寒冷地では交通量区分N_7およびN_6の道路であっても，流動によるわだち掘れの少ない所においては，突固め回数を50回とするとなっています．これは，アスファルト量が多いほうが耐摩耗性を有する混合物であるためです．なお，耐摩耗性に優れている(20F)および(13F)のアスファルト混合物においても同様に突固め回数を50回とします．

　本回答と併せて，『舗装技術の質疑応答　第5巻(p.247)，第6巻(p.67)』も参考にしてください．

（村上　浩・2016年1月号）

〔参考文献〕

1）(社)日本道路協会：舗装設計便覧，p.80(2006.2)

2）月成　稔，谷本誠一，川原伸孝：アスファルト混合物の流動性に関する岡部試験舗装の最終報告，土木技術資料16-4(1974)

11章 品質管理・試験

11-7 WT試験における走行回数の根拠

key word ホイールトラッキング試験，走行回数，動的安定度，変形量，TRL

Q アスファルト舗装の塑性変形輪数の評価やアスファルト混合物の耐流動性の確認に用いられるホイールトラッキング試験における試験輪の載荷走行のインターバルは1分間に42回とされています．どうしてそのような半端な数字になったのでしょうか．なぜ，100回/分とか60回/分など切りがよい数字ではないのでしょうか．

A わが国における舗装の技術的なガイドブックにホイールトラッキング試験に関する記述が初めてなされたのは「アスファルト混合物の設計アスファルト量を決める場合に，混合物の利用箇所に応じてホイールトラッキング試験によってその性状を確かめることもある」とした「アスファルト舗装要綱」(昭和50年版)です．ホイールトラッキング試験(以下，WT試験)はこれ以前から流動性状の評価に有効と認識されていましたが，標準化には至っておらず，各機関によってさまざまな方法で行われていました．そこで当時の土木研究所がアンケート調査を行って問題点を抽出し，当時の建設省や日本道路協会等と連携して標準的な方法をとりまとめたもの(下記)が，現在の方法の原型となっています[1]．

> (1)供試体の形状寸法
>   供試体は正方形でその寸法は，長さ×幅×厚さ＝300×300×50mmとする．
> (2)試験輪とタイヤ
>   試験輪：直径200mm　幅50mm
>   タイヤ：ソリッドタイヤ
>   ゴム硬度：JIS硬度78
>   ゴム厚：15mm
> (3)試験輪の走行方法
>   試験輪は定位置走行とする
> (4)載荷走行速度
>   載荷走行速度は42±1回/分とする

11章　品質管理・試験

（5）タイヤの接地圧
　　一般用　　：5.5±0.15kg/cm²
　　重交通用：6.4±0.15kg/cm²

　これらの基準のうち，試験輪の直径と幅および載荷走行速度は当時のイギリスの公的な道路研究機関（RRL：Road Research Laboratory，現在のTRL）の方法が採用されました．ではなぜRRLは42回/分としたのでしょうか．

　WT試験は，舗装上を走る車両のタイヤ走行のシミュレーション試験であり，定性的あるいは定量的に物性を測る試験とは趣が異なるものです．RRLは当初この試験をイギリスで多いロールドアスファルト舗装の圧密の評価に用いており，その後，塑性変形に対する性状の評価に転用していったようです．したがって，荷重にしても走行速度にしても，RRLがどの程度にすれば塑性変形の過程をシミュレーションできるかを試行錯誤で決めたと推測されます．載荷走行のインターバルを平均走行速度に換算すると0.6km/hであり，実際の車両走行速度よりもかなり遅いものとなっています．アスファルト舗装の塑性変形はアスファルト混合物層等のクリープによって生じるものであり，載荷時間が長くなるほどクリープ変形が増加する傾向を示します．このため載荷速度を遅くすることで，変形の進行を促進しての評価が可能となります．言い換えればWT試験は一種の促進載荷試験と位置付けることができるのかもしれません．このことは，WT試験から求める動的安定度（DS：Dynamic Stability）を初期変形が終了して定常的な塑性変形の過程に移行する試験開始後45分と60分の間の変形量で求めることにも反映されています．RRLはロールドアスファルト混合物の初期変形が終了して定常的な塑性変形の過程（すなわち，変形が直線変化する段階）が45分以降になる速度から42回/分を採用したということになります（ただしこのときのストロークは10インチであり，現在のわが国のものとは異なる）．日本では今でも42回/分を踏襲していますが，もちろんその後も試験値のばらつき等を検証するための試行錯誤試験は行われており，その結果としてそのまま採用し続けています[2]．

　以上，42回/分は実験結果から導き出された結果であって，シミュレーション

11章　品質管理・試験

のための適正な数値として決められています.

（光谷　修平・2016年1月号）

[参考文献]
1）南雲貞夫, 小島逸平：ホイールトラッキング試験の標準試験方法（案）, 土木技術資料20-5, p.30
　（1978）
2）（社）日本アスファルト協会, アスファルト, 第29巻147号, p.19（1986.4）

12章 その他

12-1 舗装分野における国際協力

key word　国際協力，ISAP，REAAA，JICA

Q 国際協力等に関係する仕事に興味があります．舗装分野ではどのようなことが行われているのでしょうか．

A 舗装分野で国際協力などの気運が盛り上がったきっかけは，3年前に名古屋で開催されたISAP(国際アスファルト舗装協会)名古屋会議であろうと思われます．それまでのISAP会議は欧州と北米で交互に開催されており，この第11回会議がアジアで開催された初めての会議でした．日本を除くアジア諸国からの参加者はケベックで開催された第10回会議の5か国14名を大きく上回る15か国112名に上りました[1]．本会議の前日にはアジアセッションが行われ，第一部で主に道路行政に関するパネルディスカッションとしてインド，イラン，カザフスタン，キルギス，ベトナムの行政側担当者が，第二部では主に舗装技術に関するパネルディスカッションとして韓国，中国，オーストラリア，シンガポール，日本の学識経験者が登壇し，アジアにおける舗装に関する本格的な情報交換がなされました．

　この会議の成功をきっかけに，舗装業界のアジア諸国に対する関心が高まり，2011～2012年にはISAPフォローアップ調査として，日本の舗装関係者

12章 その他

がインド，インドネシア，カザフスタン，カンボジア，ベトナム，マレーシア，ミャンマーに現地視察団として訪問し，各国の舗装技術の現状等を調査しています[2]．一方，REAAA（アジア・オーストラレーシア道路技術協会）では2010～2012の3カ年計画として技術委員会の下に個別技術分野に関する小委員会が設置され，日本は舗装を担当することとなりました[3]．この小委員会では「舗装の長寿命化」をテーマにREAAA参加各国にアンケート調査ならびにそれに基づく報文執筆を依頼し，とりまとめた成果は2013年3月にマレーシア・クアラルンプールで開催された第14回REAAA会議2013で報告されています[4]．この報告に合わせて，ISAPフォローアップ調査で調査対象となった国の中から5か国の技術者を招き，ISAP名古屋会議と同様のアジアセッションをREAAAとISAPの共催で開催しました．国際機関ではあるものの，その構成メンバーが欧米に偏った現状にあるISAPにとってはアジア諸国への会員拡大の観点からもこの取組みはかなり好意的にとらえられているようです．

　二国間の協力という観点では，まずモンゴルにおけるJICA草の根技術協力事業が挙げられます．モンゴルにおける技術支援の取組みは1994年3月に始まったモンゴル科学技術大学と足利工業大学による共同研究にまで遡り，その後2004年に始まったJICA事業が形を変えて3期9年継続されました．最終成果はマニュアルとしてとりまとめられ，モンゴルの国家基準に位置付けられるに至っています[5]．相手国の国家基準にまでたどり着くJICA事業はそれほど多くはないらしく，JICAにおいてもこの取組みは高く評価されているようです．2012年には類似のプロジェクトがミャンマーを対象に立ち上がり，モンゴルで作成したマニュアルをベースにミャンマーの国情に合わせて修正した技術基準類を整備することが期待されています．本取組みはJICA草の根事業として（認定NPO）国際インフラ調査会（JIP）が実施しており，その技術的支援を行うために，JIPと（公社）日本道路協会の間で協定も結ばれております．

　土木研究所（土研）および国土技術政策総合研究所（国総研）では，これまでも日米，日英，日加，日仏，日独，日-スウェーデン，日韓等の二国間協力を進めてきていますが，最近では特にアジア諸国との二国間協力に力を入れ始めています．2010年にはインドネシアおよびベトナムとそれぞれ二国間

12章 その他

の研究協力協定を結び，インドネシアにおいては現地で採掘される天然アスファルトの利用について[6]，ベトナムにおいては鋼床版上の舗装の補修について[7]，年間2回程度ワークショップを開催する等，意見交換・情報交換に努めています．これまでの土研の国際研究協力は単年度のものが多く，テーマも固定されていなかったため，毎回担当者が異なる等，人脈の構築が進みませんでしたが，この協力協定では3カ年計画を設定して具体的な目標を定め，定期的に相互の国でワークショップを開催する仕組みとなっていることから，従来の取組みに比べて相手の組織だけでなく人が見える取組みになっているといえます．舗装分野では，インドネシアの場合は(一社)日本改質アスファルト協会，ベトナムの場合は(一社)道路建設業協会にも参加していただき，更なる人的ネットワークの構築にも取り組んでいます．

(久保 和幸・2014年1月号)

〔参考文献〕
1）内田精一：第11回国際アスファルト舗装会議 ISAP 2010名古屋会議，道路建設，No.722(2010.11)
2）例えば，阿部長門：ISAP フォローアップ調査時の道路視察，道路建設，No.731(2012.3)
3）鳥居康政：REAAA 技術委員会舗装小委員会の活動について，舗装(2011.8)
4）長谷川淳也：14th REAAA 会議2013に参加して，舗装(2013.7)
5）田井文夫，大野雄作：モンゴル国生活道路整備における舗装技術移転と基準化，舗装(2013.12)
6）久保和幸：インドネシアの天然アスファルトに関する技術協力，土木技術資料(2011.9)
7）久保和幸，砂金伸治：ベトナムにおける舗装およびトンネルに関する第3回研究協力ワークショップ開催，土木技術資料(2011.11)

12-2 アセットマネジメントの国際規格

key word アセットマネジメント，ISO5500X，国際規格，PDCAサイクル，PFI，PPP，HDM-4

Q 最近，民間企業や自治体で ISO5500X の認証を取得するケースが出ていますが，今後の舗装業界と ISO5500X のかかわりについて教えてください．

A ISO5500X は社会インフラ(道路，水道，空港，鉄道等)やファシリティ(住宅，建物，学校，病院，市役所等)の資産(アセット)において，

185

12章 その他

目標，計画，実施からその評価，改善，すなわち PDCA(Plan-Do-Check-Action)サイクルの仕組みを含めたマネジメントシステムの国際規格です．

　本来，社会インフラやファシリティはその資産を持つ自治体が運営管理を行うべきですが，近年は民間企業も PFI(Private Finance Initiative)や PPP(Public Private Partnerships)としてその運営管理に携わる機会が増えてきたことにより，アセットマネジメントシステムの国際規格であるISO5500X の導入が検討されています．

1．アセットマネジメント国際規格化の背景と経緯[1),2)]

　インフラ運営に関しては世界的にみて1980年代前後から，主に財政面での困難等から様々な改革や試みが行われてきました．例えば，アメリカでは維持管理不足から橋梁落下などが起きた「崩壊するアメリカ」への反省による計画的な管理への取組み，英国では「サッチャリズム」による様々な事業の民営化等，オセアニアでは公共政策にも民間企業の経営手法を取り入れようとする発想の「ニューパブリックマネジメント(NPM:New Public Management)」などが挙げられます．これらの経験から，各国各分野で多様なインフラ運営のためのアセットマネジメントに関する指針類が作成されてきました．

　そして2010年には，英国より提出されたアセットマネジメントに関するISO 作成の新規提案が，ロンドンでの準備会議を経て ISO 理事会で投票，採択され，規格案を作成するプロジェクト委員会が設置されました．2011年3月の第1回会議では，官民問わずインフラ等の資産を持つ組織を対象とする認証規格について，ISO55000「概要・原則・用語」，ISO55001「要求事項」，ISO55002「ISO55001適用のためのガイドライン」の3本セットで3年以内に作成することが決議されました．これ以降計5回の会議が開催され，2014年1月10日に ISO5500X が発行されました．

2．規格の概要

　ここでは，ISO5500X の中で中心となる部分の ISO55001「要求事項」について解説します．

　ISO55001は**表-12.2.1**のような目次構成となっており，細かく分けると約

186

12章 そ の 他

表-12.2.1
ISO55001「要求事項」の構成[3]

1. 適用範囲
2. 規範参照文献
3. 用語と定義
4. 組織の状況
   4.1 組織とその内外状況の把握
   4.2 利害関係者のニーズ・期待の理解
   4.3 マネジメントシステムの適用範囲の決定
   4.4 アセットマネジメントシステム（AMS）
5. リーダーシップ
   5.1 リーダーシップとコミットメント
   5.2 方針
   5.3 組織の役割・責任・権限
6. 計画策定
   6.1 リスクと機会への対応
   6.2 AMの目標とその達成計画
7. 基礎的事項
   7.1 資源
   7.2 力量
   7.3 認識
   7.4 コミュニケーション
   7.5 情報の要求
   7.6 文書化された情報
8. 運用
   8.1 運用計画策定と管理
   8.2 変化のマネジメント
   8.3 アウトソーシング
9. パフォーマンス評価
   9.1 モニタリング・測定・解析・評価
   9.2 内部監査
   9.3 マネジメントレビュー
10. 改善
    10.1 不適合と是正処置
    10.2 予防措置
    10.3 継続的な改善

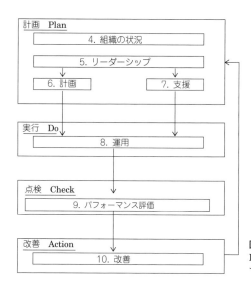

図-12.2.1
ISO55001における
マネジメントシステムの構造[3]

187

12章 そ の 他

170項目の要求水準があります．認証を受けるにはすべてを満たす必要があり，部分認証は行われていません．効果的なアセットマネジメントシステムの最小限の要求事項が ISO55001であり，**表-12.2.1**に示すすべての構成要素が備わっている必要があります．

次に，**図-12.2.1**に ISO55001のマネジメントシステムに関する構造を示します．この規格は，アセットマネジメントの PDCA サイクルを機能させ，継続的に改善を図ることを目指しています．道路などの社会インフラに規格を適用した場合，従来は損傷が発生したタイミングで補修する事後保全が主であったのに対し，戦略的な維持管理へ変革していく必要があります[4]．

3．舗装業界と ISO5500X のかかわり

舗装はその利用者が直接接することのできる社会インフラです．舗装表面には通行する車両から直接多くの外力が作用することからも，土構造物，橋梁，トンネルといった他の社会インフラなどと比較して，その寿命は短くなります．したがって，舗装は投資費用と寿命の関係，すなわちライフサイクルコストの算定が比較的容易な社会インフラであるといえます[5]．このことから，舗装は1970年代から他の社会インフラに先駆けてマネジメントシステム，すなわち舗装マネジメントシステム（**PMS:Pavement Management System**）が各国で検討，導入されました．わが国でも，1990年代から国やいくつかの自治体で PMS およびその関連ソフトウエアが導入されはじめ，舗装を含めた社会インフラにマネジメントシステムを導入することの機運が高まってきました．ISO5500Xが制定されたのは2014年ですが，舗装の分野ではそれ以前から PMS を検討，導入して，PDCA サイクルを実践していました．

1994年には，世界銀行が開発途上国におけるインフラの維持補修状態が深刻であることを訴えたレポートを発表したことから，国際的金融機関や援助機関は開発途上国のインフラ投資に対してアセットマネジメントの実施が義務付けられました．それに対応して，アセットマネジメントを支援するためのソフトウエアが開発されました．中でもPMS 用のソフトフエア「HDM-4」は150か国以上において利用されており，多くの国で政令，省令により，その利用が定められています．わが国では，国土交通省が2003年10月に「道路構造物の今後の管理・更新 等のあり方に関する検討委員会」を設置し，

12章 その他

ここで初めてアセットマネジメントの考え方が導入されましたが，このとき
すでに海外では舗装のマネジメントには「HDM-4」の活用がかなり普及
していました[6]．

ISO5500X の導入に際しては支援ソフトウエアが必要となってきますが，
そのデファクトスタンダード(結果として事実上標準化した基準)を巡る競争
は ISO5500X の制定前からすでに始まっていたといえます．

ISO5500X は，2014年 1 月10日に発行されてから，現在，自治体の下水道
事業を中心に認証を取得する団体が増えています．舗装に関連する事業でも
有料道路事業において導入する事例が出始めています．今後，わが国でも
道路や空港のコンセッション，道路の包括管理委託の導入が増えていくと，
それに伴って ISO5500X の認証取得の必要性が高まることが予想されます．
また，海外の建設市場においても，PFI や PPP などのインフラプロジェク
トが増加していくと見込まれ，プロジェクトに参加する企業には ISO5500X
の取得が義務付けられる可能性もあり，わが国の舗装業界も ISO5500X に
習熟しておく必要が出てくるかもしれません．

（前田道路㈱　郭　慶煥・2016 年 1 月号）

〔参考文献〕
1）堀江信之：アセットマネジメント国際規格ISO55000シリーズの動向，建設マネジメント技術，
　　pp.35〜39(2013.8)
2）堀江信之，越海興一，末久正樹：アセットマネジメント国際規格ISO55000誕生への急がれる対応，
　　土木技術資料，Vol.55，No.8，pp.10〜13(2013.8)
3）下水道分野におけるISO55001適用ユーザーズガイドライン検討委員会：下水道分野における
　　ISO55001適用ユーザーズガイド(案)，p.11，国土交通省(2015.3)
4）澤井克紀：ISOアセットマネジメント概要，JFMA JOURNAL 2014，pp.16〜21(2014.4)
5）笠原　篤：研究展望 舗装マネジメントシステム，土木学会論文集，No.478/V-21，pp.1〜12(1993.11)
6）小林潔司：アセットマネジメントとISO5500X，高速道路と自動車，第55号，第11号，pp.5〜8
　　(2012.11)

索　引 （キーワード）

（洋字は末尾に掲載）

（本索引は小見出し下 `key word` の掲載ページを示しています.）

【 あ 】

アスコン層の最小厚 96
アスファルト 21
アスファルト塊 80
アスファルト混合物 23, 34, 37, 41, 48
アスファルト中間層 66
アスファルト乳剤 31, 77, 94
アスファルトプラント 153
アスファルト舗装 1, 51, 53, 55, 57, 80
アスファルトラスト 53
アセットマネジメント 185
圧縮強度 69
安全性基準 166
安全設備 111
石粉 66
一軸圧縮試験 106
一軸圧縮強さ 75
エージング 27
Ｆ付き混合物 37
エポキシアスファルト 116
エロージョン 91
塩分遮へい性 24
欧州共通規格 48
欧州の設計法 72
黄鉄鉱 53
大型車交通量 178
オーバーレイ 93
オフロード法 158
温度低下対策 135
温度補正 176

【 か 】

改質添加材 14
界面 91
開粒度アスファルト混合物 93
拡散反射 111
可使時間 116
ガス濃度 21
カタログによる設計 72
割裂引張強度 69
気象条件 51

【 さ 】

ギャップ粒度混合物 37
吸気ダンパ 153
供試体寸法の違い 69
強度管理試験 69
鏡面反射 111
橋面舗装 45, 123
供用性 51
緊急補修 7
空港舗装 1
グースアスファルト混合物 133, 153
クラック抑制シート 93
クリープ 57
計画交通量 131
建設副産物 80
降雨強度 137
硬化時間 116
高機能舗装Ⅱ型 135
鋼床版 123
構造設計 1
交通荷重 131
高炉スラグ 27
高炉セメントＢ種 24
コーン指数 75
国際規格 185
国際協力 183
骨材計量 41
骨材配合 41
骨材飛散抵抗性 14
コンクリート床版 123
コンクリート舗装 1, 65, 66, 67, 69, 72, 93

【 さ 】

再帰性反射 111
再資源化率 80
再生骨材 80, 99
再生骨材の付着 99
再生骨材率 99
最大乾燥密度 172
最大粒径 106
最適アスファルト量 178
最適含水比 172

190

材料分離	135
シール材注入工法	87
シェア	67
試験温度	133
地震対策	7
湿度の上昇	84
質量配合率	23
視認性	111
地盤沈下	7
締固め	162
締固め仕事量	172
車線逸脱	119
車線分離標	119
車両重量制限値	162
集水面積	137
修正CBR試験	172
修正ロットマン試験	147
主剤・硬化剤	116
樹脂系薄層舗装	119
樹脂添加量	116
常温アスファルト混合物	55
衝撃吸収性能	166
消臭	21
消石灰	34
蒸発残留物	31
振動タイヤローラ	116, 162
針入度	31
水浸ホイールトラッキング試験	170
すべり抵抗	162
スラリー	94
脆化点	133
製鋼スラグ	27
施工機械	158
設計CBR	75
接地圧	51
セメント	34
セメント安定処理路盤	93
層間すべり	96
層間接着力	96
走行回数	180
側方流動	147
塑性変形	57
塑性変形抵抗性	175
塑性流動対策	14

【 た 】

耐久性	84
耐水性	84
タイヤ付着抑制乳剤	96
タックコート	31
たわみ追従性	123, 133
段差抑制工	7
弾性舗装	166
タンパ	55
長寿命化	94
突固め回数	172, 178
突固め仕事量	178
データベース	87
適合基準	158
テクスチャ	135
鉄鋼スラグ	27
デメリット	84
導水管	137
透水係数	137
動的安定度	175, 180
動的摩擦係数	176
投入順序	135
道路鋲	119
特定特殊自動車	158

【 な 】

ニーディング	162
熱膨張係数	24

【 は 】

バーガーモデル	57
バーナ	153
排出ガス	158
排水性舗装	147
排水量	137
バグフィルタ	153
剥離	34, 91
剥離抵抗性	14, 123, 147
剥離抑制剤	34
剥離率	170
破断時ひずみ	133
ひび割れ	91
疲労破壊輪数	131
フォームドアスファルト	77
付着防止	66
普通ポルトランドセメント	24
プライムコート	31

191

プレート	55	路上路盤再生工法	77
プレキャストコンクリート版	65	路盤材料	172
ブローンアスファルト	21	ろ布	153
分別貯蔵	99	路面温度	176
変形量	175, 180	路面凍結	84
ホイールトラッキング試験	175, 180	【 わ 】	
防水性	135	わだち掘れ	51, 178
防水層	45		
ポーラスアスファルト舗装	99, 137, 147	【 洋 字 】	
ポーラスアスファルト舗装発生材	99	ASTM	166
ポーラスコンクリート	170	Cavity	45
補修	53, 55	CBR試験	75
保水性舗装	84	CEN	48
舗装構成	123	DFテスタ	176
舗装構造	131	EN	166
舗装比率	67	FB13	45
歩道	131	HDM－4	185
ポリマー改質アスファルト	14	HIC	166
ポンピング	91, 147	ISAP	183
【 ま 】		ISO5500X	185
マーシャル安定度試験	178	JICA	183
マーシャル供試体	41	PDCAサイクル	87, 185
マイクロサーフェシング	94	PFI	185
曲げ強度	65, 69	PMS	87
曲げ試験	133	PPP	185
密度補正	23	REAAA	183
明色化	94	SMA	45
メンテナンスサイクル	87	TPT	170, 176
模擬路盤	170	TRL	180
【 や 】		VENCON	72
容積率	23		
予防保全	87	1 DAY PAVE	65
【 ら 】		2.36mmふるい通過量	37
ライフサイクルコスト	67	3 R	80
ランブルストリップス	119		
リサイクル	80		
リブ式高視認性区画線	119		
リフレクションクラック	93		
理論解析	72		
レオロジー	57		
レベリング混合物	45		
路床	75		
路上再生セメント・アスファルト乳剤処理路盤	106		
路上再生セメント安定処理路盤	106		
路上再生セメント・瀝青安定処理工法	77		

舗装技術の質疑応答回答者 (50音順)

市岡　孝夫　前田道路(株)九州支店
梅森　悟史　東亜道路工業(株)中部支社
及川　義貴　(株)NIPPO 東北支店技術センター
郭　　慶煥　前田道路(株)技術本部技術部
加納　孝志　大成ロテック(株)生産技術本部技術研究所
草刈　憲嗣　世紀東急工業(株)技術本部技術部 ICT 推進グループ
久保　和幸　国土交通省国土技術政策総合研究所道路基盤研究室
五伝木　一　鹿島道路(株)生産技術本部技術研究所
小梁川　雅　東京農業大学地域環境科学部生産環境工学科
佐々木昌平　(株)NIPPO 海外支店生産技術グループ
佐藤　正和　東日本高速道路(株)関東支社技術部
白濱　幸則　世紀東急工業(株)技術本部技術部関東試験所
鈴木　祥高　世紀東急工業(株)技術本部技術部技術研究所
関　　伸明　世紀東急工業(株)技術本部技術部技術グループ
高橋　茂樹　(株)高速道路総合技術研究所道路研究部舗装研究室
坪川　将丈　国土交通省国土技術政策総合研究所空港施設研究室
徳光　克也　日本道路(株)生産技術本部技術研究所
野々田　充　日本道路(株)生産技術本部技術部
濱田　幸二　(一社)日本道路建設業協会道路試験所
平岡　富雄　ニチレキ(株)技術研究所
平川　一成　大成ロテック(株)生産技術本部技術研究所
眞壁　　淳　酒井重工業(株)技術開発部研究第 1 グループ
松井　伸頼　東亜道路工業(株)技術本部技術研究所
松田　敏昭　(一社)日本道路建設業協会広報・技術部
水口　浩明　前田道路(株)工事事業本部工務部
光谷　修平　大林道路(株)本店技術部
村上　　浩　(株)NIPPO 技術本部技術企画室技術管理グループ
森端　洋行　ニチレキ(株)技術部
山口　達也　鹿島道路(株)生産技術本部機械部
山﨑　泰生　鹿島道路(株)生産技術本部技術部
吉武美智男　東亜道路工業(株)技術本部技術部
吉本　　徹　(一社)セメント協会研究所コンクリート研究グループ
渡邉　一弘　(国研)土木研究所道路技術研究グループ舗装チーム

(2017年10月現在)

「舗装」編集委員会 (50音順)

委員長

藪　　雅行　(国研)土木研究所道路技術研究グループ舗装チーム

副委員長

高橋　茂樹　(株)高速道路総合技術研究所道路研究部舗装研究室

委員

石崎　　睦　国土交通省道路局環境安全課
石原　陽介　首都高速道路(株)技術部技術推進課
越　健太郎　前田道路(株)技術本部技術部
小柴　朋広　世紀東急工業(株)技術本部技術部技術研究所
五伝木　一　鹿島道路(株)生産技術本部技術研究所
小梁川　雅　東京農業大学地域環境科学部生産環境工学科
徳光　克也　日本道路(株)生産技術本部技術研究所
平川　一成　大成ロテック(株)生産技術本部技術研究所
藤原　栄吾　大林道路(株)技術研究所
峰岸　順一　東京都土木技術支援・人材育成センター技術支援課
向井　博也　国土交通省都市局街路交通施設課
村上　　浩　(株)NIPPO 技術本部技術企画室技術管理グループ
森端　洋行　ニチレキ(株)技術部
吉武美智男　東亜道路工業(株)技術本部技術部

(2017年10月現在)

舗装技術の質疑応答　第12巻　Ⓒ 建設図書

平成30年1月1日　初版発行
ISBN978-4-87459-126-0

監　修　「舗装」編集委員会
発行人　高　橋　　功
発行所　(株)建 設 図 書

定価は表紙カバーに
表示してあります.

〒101-0021
東京都千代田区外神田2-2-17
電話　(03) 3255-6684(代)
FAX (03) 3253-7967
E-mail: pave@kensetutosho.com
http://www.kensetutosho.com
振替 東京0-62450番

印刷所　シナノパブリッシングプレス

落丁・乱丁本はお取り換えします.　　　　　　P1000